1 产品创意

四种想法来源

2 产品分析

定义用户需求、
明确竞争策略

一个APP
的诞生

从零开始设计你的手机应用

6 产品营销

怎么吹牛、怎么持续吹牛

3 产品规划

抓住产品主线、
明确实施节奏

5 产品实现

研发流程模式、
团队配合技巧

4 产品设计

产品的易用性

一个APP团队基本岗位清单

产品经理

在互联网公司中负责产品的管理，主要负责用户、需求、商业目标的分析，并根据目标策划产品形态，协调资源实现产品和推广产品

- ☑ 商业
- ☑ 学习
- ☑ 沟通
- ☑ 需求
- ☑ 设计鉴赏判断力

项目经理

产品上线后，通过内容、渠道等营销产品，扩大用户群，提高用户活跃度，改进产品体验和探索盈利模式、增加收入

- ☑ 领导力
- ☑ 谈判技能
- ☑ 沟通
- ☑ 解决问题
- ☑ 人际交往

交互设计师

协助产品经理评估需求，根据需求设计产品的信息架构，任务流程，界面布局；输出交互方案，并配合产品经理推动产品目标的实现

- ☑ 项目
- ☑ 专业
- ☑ 沟通
- ☑ 领导力
- ☑ 助力他人

视觉设计师

根据交互方案,输出符合当下设计趋势并符合产品定位的高保真视觉方案,并配合产品经理、交互设计师等推动产品目标的实现

☑ 项目 ☑ 专业 ☑ 沟通 ☑ 领导力
☑ 助力他人

开发工程师

根据产品需求文档,提供技术可行性分析,设计产品需求的技术实现方案,并基于技术方案进行程序开发实现、后期维护的专业人员

☑ 项目 ☑ 学习 ☑ 助力他人 ☑ 沟通
☑ 专业技术

测试工程师

根据用户和产品需求,设计测试用例,执行功能测试,性能测试,易用性测试等。输出测试报告,对产品质量和问题持续跟踪。保证产品的功能正常,运行稳定

☑ 项目 ☑ 学习 ☑ 助力他人 ☑ 沟通
☑ 专业技术

产品运营

产品上线后,通过内容、渠道等营销产品,扩大用户群,提高用户活跃度,改进产品体验和探索盈利模式、增加收入

☑ 商业 ☑ 学习 ☑ 沟通 ☑ 需求
☑ 设计

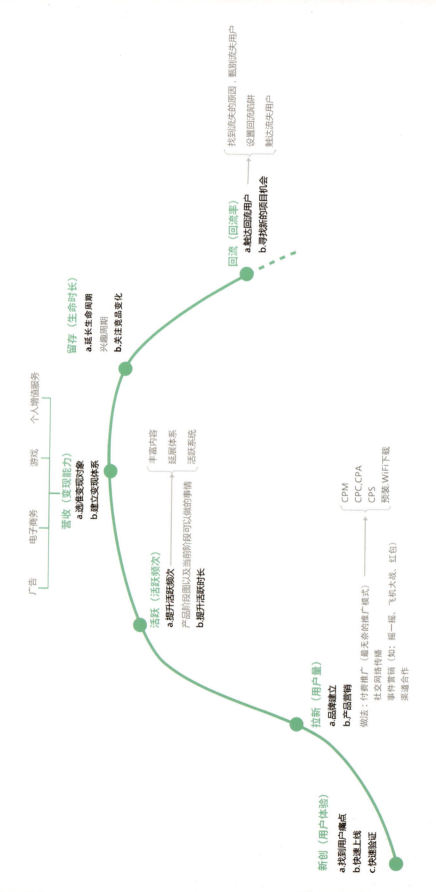

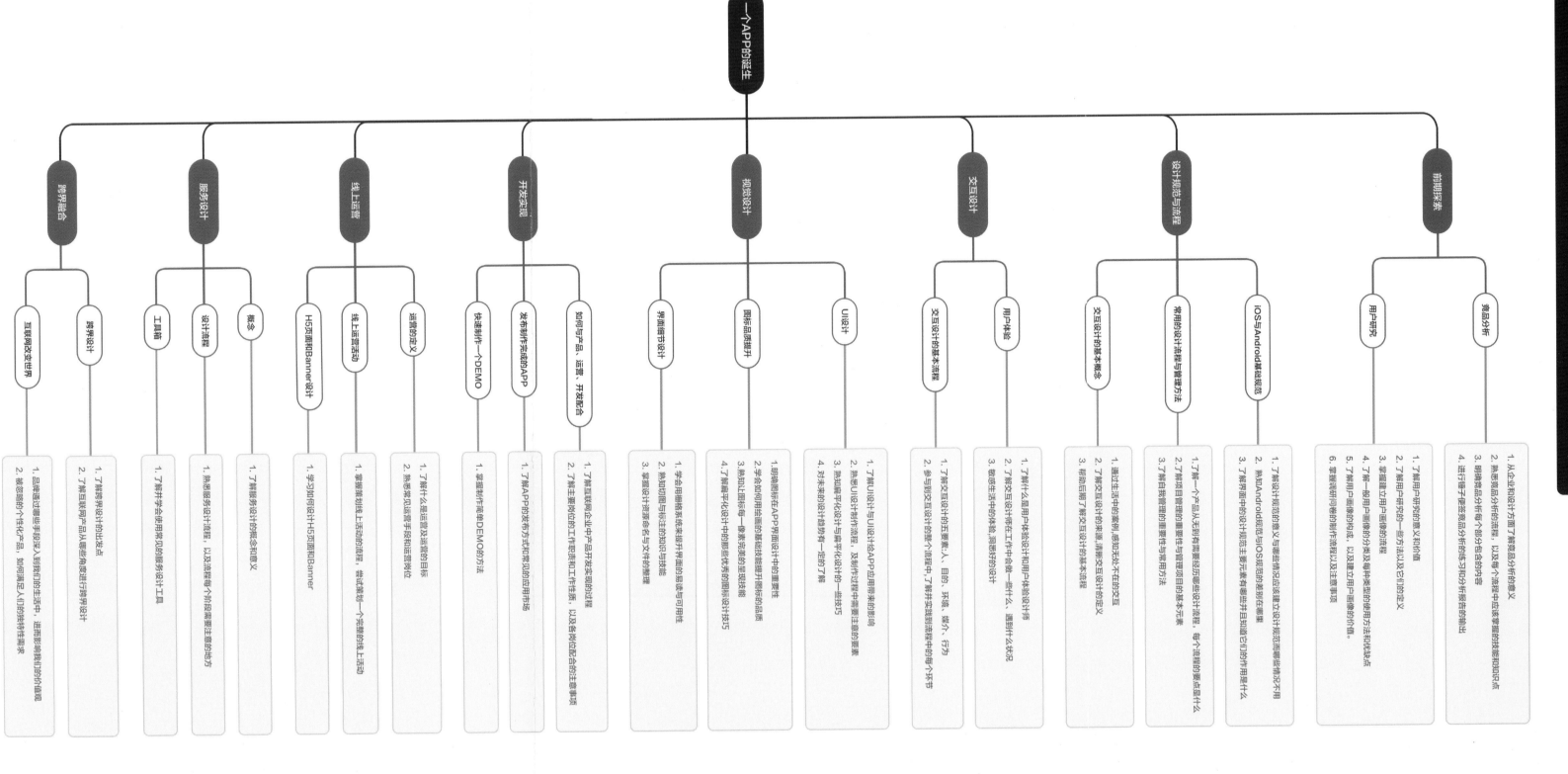

一个APP的诞生
——从零开始设计你的手机应用

Carol 炒炒　　刘焯琛　主编

电子工业出版社
Publishing House of Electronics Industry
北京·BEIJING

内容简介

在移动互联网高度发达的今天，一个个APP，成为我们通向网络世界的窗口。它的诞生流程，令不少对互联网世界产生幻想甚至试图投身其中的年轻人充满了好奇。

《一个APP的诞生》就是这样一步一步拆分一个APP的诞生过程。从前期市场调研，竞品分析开始，一直到设计规范，界面图标，设计基础，流程管理，开发实现，市场推广，服务设计，甚至跨界融合，都有陈述。

《一个APP的诞生》被定义是一本教科书，工具书，适合想要用APP来实现自己的一个产品梦的创业者，也适合想要快速了解APP产品的整个流程的互联网职场新人，还适合想通过移动APP产品来转型、扩大市场、加快企业发展脚步的传统行业人员。

也许，你对APP一无所知或知之甚少，但是没关系，只要你对APP有兴趣，想做一个带有"自己属性"的APP，这本书就能帮到你。

未经许可，不得以任何方式复制或抄袭本书之部分或全部内容。
版权所有，侵权必究。

图书在版编目（CIP）数据

一个APP的诞生：从零开始设计你的手机应用 / Carol炒炒，刘焯琛主编. —北京：电子工业出版社，2016.8
ISBN 978-7-121-29228-6
Ⅰ.①一… Ⅱ.①C…②刘… Ⅲ.①移动终端—应用程序—程序设计 Ⅳ.①TN929.53
中国版本图书馆CIP数据核字（2016）第146732号

策划编辑：贺志洪
责任编辑：贺志洪
特约编辑：张晓雪　薛　阳
印　　刷：北京虎彩文化传播有限公司
装　　订：北京虎彩文化传播有限公司
出版发行：电子工业出版社
　　　　　北京市海淀区万寿路173信箱邮编100036
开　　本：720×1000　1/16　印张：20.75　彩插：2　黑插：1　字数：447千字
版　　次：2016年8月第1版
印　　次：2021年7月第15次印刷
定　　价：79.00元

凡所购买电子工业出版社图书有缺损问题，请向购买书店调换。若书店售缺，请与本社发行部联系，联系及邮购电话：（010）88254888。
质量投诉请发邮件至zlts@phei.com.cn，盗版侵权举报请发邮件至dbqq@phei.com.cn。
服务热线：（010）88254609 或 hzh@phei.com.cn

序言一

渗透在每一个细节中的用户体验

徐志斌

微播易副总裁,《社交红利》、《社交红利 2.0:即时引爆》作者

怎么将用户体验注入到产品的基因中去?Carol 炒炒在她的新书中提出这样一个问题。

这是典型的腾讯语境。在腾讯工作过的人们,会记得"用户体验"从来都是提及最多的关键词之一,并践行于多个部门的日常工作中。曾经,我们会看到一些发生在会议室的激烈争论,甚至下属 PK 掉上级的决定,都是因为这个关键词。

一直以来,腾讯有诸多神奇的部门,产品设计就是其中之一,说"大师辈出"也毫不为过。在他们/她们的手上,一款款前沿的产品从概念变成现实,从构想落实到手边。他们/她们却又深藏不露。外界感知这个部门工作的好与坏,通常是通过一款产品使用起来的流畅度、第一眼看到时的颜值等等,或者,通过听到一些类似这样的故事来感知的。

一款传奇产品的诞生,有时需要团队成员们进行大量类似"扫街"的工作。当第一个产品原型出来后,团队成员会带着原型深入到不同用户中去,观看他们在不同真实场景下使用产品时每一次真实的皱眉,每一次开心的微笑,留意流畅程度、愉悦程度,等等。完成一天实际市场调研后,再回到公司进行分析、讨论,再度升级原型,第二天再度重复进行。这样的故事会在产品的开发过程中重演几十遍。又或，一些企业会邀请用户到公司使用产品，房间背后很多员工在细心地观察和记录着用户的每一次操作，等过几天产品升级时，许多细节会被迅速修改优化，等等。

他们不仅仅是将一些产品构思实现出来，相反，如果和他们／她们一起工作，会惊叹于他们的眼界是如此开阔，以至于我们会看到一群在人类学、心理学、人机工程学、社会学、计算机技术、美学等数十门学科交叉在一起谈论、理解和运用的部门与同事们。

可以说，每款传奇产品背后，是团队对"用户体验"变态一般地追逐与快速优化，而产品设计部门是隐藏在幕后的英雄之一。

过去，这些英雄潜藏在一个个产品神话背后。今天我们欣喜地看到，曾在腾讯一起奋战的牛人之一，Carol 炒炒离开腾讯创业，并将自己的经验心得化为了一本专业书籍《一个 APP 的诞生》。

尽管她谦虚地说，这是一本入门级的书，我却在其中看到了腾讯那些年积淀的工作经验、设计思想，化为了一个个通俗易懂的案例，以至于在草稿状态中翻阅了多遍，受益良多。仿佛回到过去在腾讯一起面对面讨论产品时火花四溅的情景再现。尤其感受深刻的这句关键提问及其答案：怎么将用户体验注入到产品的基因中去？

书中，Carol 炒炒给出了诸多答案，如她建议，设计师从制定和理解需求阶段就介入进去，也建议在真实环境中或者近似于真实环境中，去测试服务概念原型。一如刚转述的前腾讯同事们带着产品原型上街，去细心观察用户们的真实感受那样。这些浸淫在工作中的点滴习惯，早已经变成了工作基因，并继而将用户习惯注入到产品中的每一个环节中去。

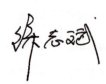

序 言 二

教育之美

龙兆曙
深圳大学设计艺术研究所所长，国务院政府特殊津贴享受者

Carol 炒炒是我湖南大学的学生。她拿给我她的这本《一个 APP 的诞生》的时候，邀请我写篇序，作为我的学生，如此有才，我是力挺她的。

看了书的内容，作为我这个岁数的人，互联网离我既近又远，我热爱朋友圈，喜欢微博，跟年轻人打成一片，但是我还是很难想象现在的 95 后们抱着创业的梦想，弯儿也不转地就去开干了，实现它了。这是一代新人，敢想敢干。我们知道，光有勇气不行，还要有切实的技术。《一个 APP 的诞生》有很强的实战性，依我的理解，一个点子（产品创意来源）到如何科学有效地实现它，验证它，推广它都有基本的方法论。想要科学地做一个互联网 APP 产品出来，这本书可以提供一个很好的指引。

就本书艺术性来说，Carol 炒炒本科专业视觉传达，图形设计及文字的排列有当代的气息，精美、精华，其案例的设计表达能帮助读者快速理解书中各章节的内容和知识点。

当前大学教育的内容相对社会发展的需要明显有些滞后，很多大学生毕业后反馈，学校所学难能迅速学以致用，即使是传统意义上专业对口的工作，学生也需要一年左右的磨合期才能变成一个相对成熟的职业人，这本书针对大学生教育这块做了一些有益的探索，直接将知识点整合成项目，按照本书的设计进行实操作业，对于一名毕业生进入职场，快速无缝连接，相信能起到很好的作用。

当然了，有些学生从高中时代就开始自己创业，年仅17岁的神奇百货CEO王凯歆就是这样一个例子。一个产品成就了一个梦想。产品的表达方式有很多，基于终端设备的APP是其中一个。

在我看来，《一个APP的诞生》值得学生群体和刚入职的年轻朋友及我们这些老中青的教育从业者都看一看，学校教育和社会需求的更好衔接一直是每一时代的要求。

教育培养能者，社会"能者居其位尽其才"。希望同学们一起来创造一个非常美好的新未来。

序　言　三

世界终究是你们的

薛蛮子
著名天使投资人

中国正好碰到一个移动互联网的大潮之后，我们传统的经济面临一个巨大的改型，中国的经济进入了一个新的常态。因此，在这个新旧交替的机会，也造成了一个巨大的创业机会。加上我们现在政府对"双创"的巨大热情以及不断支持，这个时代又是一个移动互联网不断深化进入我们生活中的每个领域的时代。

中国创业环境从某种程度来说比美国还好，从来没有见过一个国家一个政府拿出这么大的力度给这么多钱让创业者玩这个事，现在居然大学鼓励休学还送钱，闻所未闻的创业时代。

有趣的是，创业大军中，越来越多的 90 后进入我的视线，还有为数不少的学生团队，拿着她们的产品来找我，说得清她们的事情，知道她们想要多少钱，这笔钱用来干啥。这很厉害！

产品最初的发生，主观上是为了自己，客观才是为了别人。产品的表达中，APP 是其中一种。

如何准确有效快速地表达出来你的想法，是有一套方法论的。《一个 APP 的诞生》这本书提供了 APP 从无到有这样的一整套的方法论，照着做能帮助你少走一些产品实现上的弯路。当然，一个好的点子，能培育市场的点子那是灵魂，表达出来才能被世人看见。

炒炒的这本《一个 APP 的诞生》，有趣地表达了产品的"生"这样的过程，也用一个简单的曲线图表达出了产品的生命周期。在思维导图中也清晰地整理了全书的思维脉络，帮助读者快速地了解本书内容。

方法论这种东西还是有必要的。站在前辈的经验上前行，也算是实现产品方案的一个捷径。你有一个好点子？！实现它！

当然，想要创业，就必须做好 5～10 年艰苦奋斗的准备，要坚持，没有人能够一蹴而就。举个例子，就算你爸是刘翔，你也得 12 个月才能走路；你爸是姚明，你也不可能 12 个月就能打篮球。

我会投那些充分了解自己的人。

创业的成功是偶然的，失败才是必然的。

创业者只能把自己打造成特殊的材料，只有这样才有机会。能干的人，像雷军、周鸿祎等，即使他们今天的生意全没了，如果再给一个机会，他们同样还是会有很大的概率成就一家伟大的公司。成功总是青睐那些准备好的人。

创业本来就是在挣未来的钱！期待更多更好的创意产品来真真正正地提高我们的生活质量，优化我们的生活方式。如果你有信心改变世界，欢迎来找我，我可以帮你实现它！

前 言 一

现在我们正处于"工业4.0"的过渡时代，互联网逐渐成为这个时代的基础设施，改变了知识信息的流动和传承方式，互联网触及到的每一个领域都被"互联网+"——变化正在发生！

近几年，在移动互联网和智能手机大发展的背景下，几乎人人都离不开APP。出门打个车，拿出手机呼叫滴滴司机；出去吃饭，拿出手机，看下大众点评；逛商场看到好看的衣服，拿出手机，上淘宝比下价格；下雨了，不想出去吃饭，拿出手机，饿了么送上门；现金可以不用带了，支付宝、微信支付完成支付。很难想象，离开了手机，我们的生活会变成什么样子。

在全民创业的大环境下，移动互联网感觉是门槛最低的创业领域。与传统行业不一样，靠移动产品创业，不需要店面，不需要囤货，不需要店员，只要有流量，就可以变现。

传统行业需要利用互联网进行改造和产业升级，全面对自己的产品、服务、品牌进行提升和流程改造。例如招商银行，开启了基于手机的招行银行APP产品后，80%的用户都用手机进行查账、转账、还款、积分兑换等业务，不用在ATM或者柜台上进行操作。各行各业都在经历"互联网+"的洗礼，各种"跨界颠覆"在所难免。在这个背景下，为了满足人们各个方面的需求，各种各样的APP等待人们去设计开发。

目前国家在倡导"大众创业，万众创新"，各种孵化器也应运而生，福布斯榜越来越多的90后极大地刺激了人们的眼球。一面是刚出校门依然可怜的起薪，一面是同龄人因为创业而快速积累，实现了财务自由。传统行业日渐没落，它们都希望能搭着互联网的便车重现辉煌。各种各样的"互联网+"产品应运而生。好像人人都看到了希望，觉得只要自己有一个点子，用 APP 去呈现，就能梦想成真。

在这样一个"既是最好的时代，也是最差的时代"，书本知识逐渐被弱化，创新设计思维显得越来越重要。是的，这是一个重视人机交互、用户体验至上的创新设计时代！只有设计优秀的 APP 才会让人们接受和使用。但是，目前我们的大学并未开设 APP 设计专业，也未开设 UI 设计专业，现在市场上的 UI 设计师，大多从平面设计师、动画设计师转行过来，UE 设计师多是从工业设计师转行过来的。当然也有一些神奇的程序员，从小喜欢设计，经过自己持续不断的临摹努力，毕业后成长为一个 UI 设计师。

那怎么去做一款 APP 呢？

大学课程里没有专门的这样一门课程，技术院校也没有单独开这样的课程。写这本书的初衷，是希望有想法的大学生在学校的时候，能够完整地从设计角度出发做一个 APP 出来；或者是对设计有兴趣的产品经理了解一下设计师是如何看待一个 APP 的诞生的。当然，一个产品的诞生肯定是为了解决某一个用户痛点，也就是俗称的产品需求。本书从设计师的角度，一路带你去体验一个 APP 的诞生。书中留的作业，是为了方便小伙伴们更快速地获得一个 APP 诞生中，设计师所需要具备的基础能力。不仅仅是可以拿出效果图，还要学习理解产品"为什么要这样设计""这样设计会让产品获得什么好处"的创新设计思维能力。

本书主要呈现的就是一个 APP 从无到有的过程，从市场调研，竞品分析开始，到设计规范，界面图标，设计基础，流程管理，开发实现，服务设计，跨界融合，最后到市场推广，都有陈述。

本书每一章都有一个大主题，例如开发实现这一部分：主要讲如何将看到的高保真设计稿变成可以使用，解决用户问题的 APP 产品。

在代码实现过程中，我们如何跟开发人员沟通，如何跟设计师交流，如何跟运营人员配合。对于各个角色的分工的理解又是如何？如何快速地表达产品的核心理念？如何快速地还原产品功能？如何快速制造一个产品可用 DEMO？如何上传

APP STORE？如何上传安卓市场？如何让自己的产品能被市场知道？这些问题在开发实现这一部分都有详细的描述。

《一个 APP 的诞生》它被定义为一本教科书，工具书。也许，大学课程中没有这门课程，我们所读的专业可能是设计专业，也可能是土木工程专业，但是没关系，只要你对 APP 有兴趣，你想做一个属于自己的 APP，这本书就能帮到你。

本书用便签设计作为作业案例，因为便签作为工具类应用，对于初学者来说，能较快上手。从市场调研开始，我们一起去研究一下市场上的便签产品，锤子便签，爱墨，讯飞云笔记，有道，印象笔记，他们的核心点有什么不同？还有哪个市场空白点并未被解决？我们通过《一个 APP 的诞生》里所讲的步骤一起去解决它们！也去验证一下，《一个 APP 的诞生》中所述的方法论是否正确，欢迎与我们交流。

本书中呈现了大量的案例，用案例来讲解每一章的细节，帮助小伙伴们快速地理解和体会。

资源二维码（见封面资源二维码，扫码链接资源库）中会有相关 PSD 源文件，交互流程图，方便小伙伴更好更快地提升自己的动手能力。可以通过扫描相关的二维码下载。

当然，这个行业还太年轻，变化也太快，我们的经验是靠项目沉淀和时间累积来的，谁知道明天会发生什么样的变化呢？2011 年还是 QQ 的天下，2013 年微信已经一统江湖了。谁会是下一个微信？它会在什么时候出现？明天？后年？

有可能我们说的都是错的，但是——愿您早日实现梦想！

Carol 炒炒

深圳 2016 年 4 月 7 日星期四

前 言 二

正如200多年前的蒸汽机技术、100多年前的电力技术一样，（移动）互联网技术也在成为我们这个时代的基础设施，它作用于各行各业。提到移动互联网的兴起，就不得不提到苹果公司以及对用户体验设计追求极致的乔布斯。2007年苹果公司推出了手指触控概念的智能手机操作系统和iPhone手机，并"重新定义手机"，把移动电话、可触摸的网页浏览、手机游戏、手机地图等功能融为一体，开启了智能手机和移动互联网的繁荣。随后，移动互联网智能手机以不可阻挡的趋势发展和普及大众。苹果公司的应用程序商店（App Store）和谷歌公司的应用商店（Google Play）从2008年最初上线时的几百个APP，到2014年，双方的应用程序的数量都已经突破了百万。2015年7月苹果App Store应用程序数量突破150万，该年App Store总收入超过200亿美元，苹果累计已经向iOS开发者支付总计300亿美元的收入。这些应用从我们日常生活的衣食住行到工作、学习、娱乐、社交、理财等方方面面都有所涉及，并改变着人们的生活习惯和社交方式，可以说，智能手机已经成为人们身上感知和连接世界的一个"器官"。

2015年，"互联网+"概念写入李克强总理的政府工作报告，标志着移动互联网、云计算、大数据、物联网等互联网技术将成为国家经济社会发展的重要新兴战略。这一战略的背后，正是对"中国制造"为代表的传统产业进行转型升级，成为创新驱动的"中国创造"的战略部署。如何实现传统企业的转型？传统企业如何不被淘汰？创新创业公司如何进行跨界颠覆？技术的进步，是把"双刃剑"，手机APP应用正是移动互联网的一把"利器"。

然而，技术的较量其实是人才的争夺。市场发展太快，传统院校还没来得及反应，导致企业所需要的IT互联网人才奇缺。IT互联网人才的缺乏和抢夺，大大拉高了IT行业的薪资。数据显示，2014年北京平均工资最高的2个行业为：IT/互联网9420.14元、电子/通信/硬件9098.75元。从整体来看，IT互联网从业者的平均工资在北京、上海、深圳、杭州、大连、南京、广州等地处于较高水平。这几年，随着各类培训机构的加入，人才紧缺的现象有所缓解。但是，由于缺乏标准化的课程体系，加上培训机构的水平参差不齐、鱼目混珠（有的甚至只是帮学生简历造假），在高端 IT 人才领域，企业的需求远远得不到满足，缺口非常大。企业最需要的，不仅仅是专业技能型人才，更需要懂得互联网思维、理解互联网产品内在规律以及能够运用创新设计思维的复合型人才。如果缺乏对互联网产品整体历程的理解，缺乏项目的实操经验，是很难培养出这样高端人才的。在 2012 年年底预测到这个人才需求鸿沟后，作为以 IT 专业为优势的职业类院校，我们深圳信息学院与国家工信部联合挂牌"全国移动互联网创新教育基地"。随后联合移动互联网企业，建立了"移动互联网岗前就业实训基地"和"移动互联网创新设计学院（创想者学院）"，面向企业紧缺的移动互联网创新设计人才进行培养。创想者学院联合来自于腾讯、华为等一线互联网科技企业的资深设计师举办了大量的用户界面 UI 设计和用户体验 UE 设计方面的公益讲座，受到了各界的欢迎与认可。创想者学院引入创意设计思维等课程理念，努力打造高端的 UI/UE 设计人才培养体系；引入创业实训概念，培养互联网思维和综合能力过硬的高端 IT 人才。在师资储备方面，创想者学院积极展开与知名互联网企业资深讲师的合作。这本书的编著，正是与创想者学院合作的来自国内一流互联网企业的资深设计师和工程师团队的成果。本书的编写团队参与或主导了多个成功 APP 应用项目的实践，实操经验丰富。

在这个"大众创业，万众创新"的时代、在智能手机高度普及的背景下，国内手机 APP 行业也将迎来新一轮创业热潮。但是，光有创业热情还是不够，还需要对 APP 的整个生命周期、内在规律和相关工具有充分的了解，才有可能在九死一生的创业大军中生存下来。本书将重点阐述，如何从一个创意想法开始，打造一款有价值的 APP 应用产品，读者将从中认识到 APP 产业的全貌。通过本书，你将收获：

- 将了解到落地一个移动应用程序 APP，需要哪些岗位角色及其职责（产品经理、UI 设计师、交互设计师、开发工程师、测试工程师、产品运营、项目经理）；
- 将掌握到一个 APP 应用产品历程需要涉及的各个阶段（产品创意、竞品分析、产品规划、产品设计、产品实现、产品营销）；
- 将掌握 APP 的设计规范与流程、交互设计、视觉设计、开发实现、线上活动运营、跨界融合、服务设计等核心内容；
- 将整体把握一个移动 APP 应用产品的整体生命周期历程所需要涉及

的相关技能、知识和工具。

本书面向的人群

- 本科、高职高专院校设计、数字媒体、软件开发和管理等相关专业的学生
- 希望成为产品经理的人或产品设计爱好者
- （移动）互联网的创业者、技术极客、创客
- 传统行业转型的执行人/策划人

APP 项目的来源

一般来说，一个 APP 项目的提出会有以下几个来源。

1. 上级任务：由老板、专家直接提出的项目，或者是直接用户提出的明确需求。

2. 竞品启示：通过对市场趋势、潮流，以及同类相近产品的分析，得到的启示，进而提出的创意。一般来说，这种类型的创意需要针对某个细分市场，或者，在某些纵深方面有所突破的。

3. 用户反馈：对现有产品的一种升级需求。从现有市场产品的用户的"抱怨"中，洞察出新的市场需求。

4. 突发奇想：突发奇想的创意来源于我们的经验、爱好或随机的事件，类似于灵光一现的灵感。其实，这需要我们具备善于"发现"需求的能力，否则当机会来临的时候，你也是把握不住的。这种能力是需要培养的，却是我们传统教育中非常缺乏的，也是未来教育非常需要的，下面我们会尝试给你一些落地的方法。

发现 APP 创意

在开始这本书之前，你可能还需要一个好点子来开始你的 APP 项目？好吧，好的创意本身是可遇不可求的，我们尝试给你一些线索，这些是我们创想者创新设计学院在创业孵化实践中使用的一些方法，供参考：

1. 首先，你或你的朋友、亲戚、同学有没有经历过一些"痛点"，让人们在生

活、工作、学习等方面是可以改进优化的？记录这些"痛点"，思考这些"痛点"所处的场景是否足够普遍。

2. 这些"痛点"有哪些解决方案，要脑洞大开，和其他人进行头脑风暴，不要有任何束缚。

3. 提出解决方案的方法，可以采用"跨界思维"的方式，可以随便选择一个和"痛点"毫无关系的物件或名词（如"单车""风扇""交通""健康""旅行"等），看它们之间能不能发生"关系"，进一步，延伸这些物件的属性、特点，看有没有什么收获。和其他人讨论。

4. 在所有解决方案当中，有没有一个方案或者方案的某一部分是可以借助 APP 来实现的？

5. 如果上述的答案是肯定的话，你还需要考虑，对于这个解决方案，它是否有可能产生较为普遍的价值？你是否感到兴奋？如果你感觉到兴奋，而且愿意付出相当的精力和代价，那就恭喜你了，你找到了一个比较靠谱的 APP 想法！

上述方法，是从"挖掘用户需求"出发的。相反的，你也可以从某个已有的技术创新点出发，去挖掘这项新技术可能创造出来的新的用户需求，进而提出你的创意。

当然，有一个创意仅仅是一个开始。带着你的项目或创意点子，来学习这本书，效果会更好。

为了方便大家查阅本书涉及的资料，特别开设了网络访问入口，可登录访问网页 http://www.cmie365.net/special/myapp.html 或用手机扫描下列的二维码进入：

刘焯琛

2016.5.23 于深圳

目 录

第一篇 前期探索

第 1 章 竞品分析 / 003

1.1 为什么要做竞品分析 / 004

1.2 如何做竞品分析 / 005

1.3 Great Artists Steal——Jobs / 017

第 2 章 用户研究 / 019

2.1 为哪类人群而设计 / 020

2.2 用户研究的美 -persona / 021

2.3 调查问卷的基本设计——如何做一份问卷？ / 026

2.4 数据的整理与输出 / 030

第二篇 设计规范与流程

第 3 章 设计规范 / 043

3.1 项目中设计规范的意义 / 044

3.2 iOS 与 Android 基础规范 / 047

第 4 章 流程与管理 / 063

4.1 没有流程，你乱了吗 / 064

4.2 项目管理与自我管理 / 071

第三篇 交互设计

第 5 章 交互设计和用户体验 / 077

5.1 交互设计的基本概念 / 078

5.2 用户体验 / 081

5.3 交互设计的基本流程 / 085

第四篇 视觉设计

第 6 章 UI 设计 / 099

6.1 UI 设计概述 / 100

6.2 扁平化设计手册 / 111

6.3 UI 设计趋势 / 128

第 7 章 图标品质提升 / 139

7.1 素描色彩基础 / 140

7.2 一个像素也是事儿 / 147

7.3 国际化的图标设计 / 151

第 8 章 界面细节提升 / 157

8.1 栅格系统 / 158

8.2 UI 还原与跟进 / 161

8.3 资源规范 / 162

第五篇 开发实现

第 9 章 开发实现（线上实现运营）/ 181

目 录

9.1 如何与产品、运营、开发配合 / 182

9.2 发布制作完成的 APP / 189

9.3 快速制作一个 DEMO / 197

第六篇 运营

第 10 章 运营推广（线上活动运营）/ 211

10.1 运营概述 / 212

10.2 从零到千万的飞跃——活动运营 / 219

10.3 H5 与 Banner 的设计 / 231

第七篇 服务设计

第 11 章 服务设计思维 / 245

11.1 概念 / 246

11.2 设计流程 / 252

11.3 工具箱 / 256

第八篇 跨界与融合

第 12 章 跨界设计与融合 / 265

12.1 跨界设计 / 266

12.2 互联网改变世界 / 283

致谢 / 305

第一篇

前期探索

　　一个 APP 诞生的前期探索阶段，需要做的准备工作包括两个方面，第一个方面是竞品分析，第二个方面是用户研究。进行竞品分析和用户研究的主要目的是：了解 APP 本身的优势、劣势，了解针对的目标人群，并为整个 APP 的研发制定一个标杆，使设计 APP 往后的阶段不会偏离标杆路线。

Chapter 1
前期探索

第 1 章　竞品分析··
　1.1　为什么要做竞品分析　　　　　　　　　　　　　004
　1.2　如何做竞品分析　　　　　　　　　　　　　　　005
　1.3　Great Artists Steal——Jobs　　　　　　　　　　017

第 2 章　用户研究··
　2.1　为哪类人群而设计　　　　　　　　　　　　　　020
　2.2　用户研究的美 -persona　　　　　　　　　　　　021
　2.3　调查问卷的基本设计——如何做一份问卷?　　026
　2.4　数据的整理与输出　　　　　　　　　　　　　　030

01 竞品分析

本章目标

1. 了解竞品分析的意义
2. 熟悉竞品分析的流程,以及每个流程中应该掌握的知识点和技能
3. 能独立完成一个 APP 的竞品分析并输出报告

关 键 词

APP 分析　　竞品分析 APP　　SWOT 法　　竞品分析模板

用户细分　　竞品分析的方法

1.1 为什么要做竞品分析

企业成功的必备条件

一个 APP 从想法的萌生到开发落地，需要经历众多的困难和磨炼。在众多的 APP 中，自己的 APP 能够脱颖而出，迅速占领市场，不仅需要依靠 APP 自身优势（用户体验和服务），更需要了解竞争对手和同类 APP 的优劣势，知己知彼，才能百战百胜。那在互联网行业，如何才能做到知彼呢？有很多种方法，其中最实用和常用的就是竞品分析。

对于企业来说，竞品分析可以明确企业自身的核心资源，整合自身的渠道，通过对不同用户的细分，以及用户价值主张的传递，可以明确要做一个好 APP 需要哪些关键业务、合作伙伴，以及在整个商业闭环中的成本结构，最终使企业获得收益。

对于一个 APP 来说，竞品分析可以通过收集数据，分析数据信息，快速地了解 APP 所处行业的基本情况，有无空缺市场以及竞争对手的资本背景，从而准确地定位 APP 自身所处的市场，是红海（已知的市场空间），还是蓝海（当今还不存在的产业）。

竞品分析同样可以了解竞争对手的市场动向，包括对手产品的目标人群，以及运营策略、用户体验的好坏、用户的反馈信息等，找到突围点，快速提高市场的占有率，真正占领整个市场。

设计的灯塔

对于设计来说，竞品分析可以为自身 APP 的设计提供一个可视化的标准，了解目前市场同类 APP 的设计情况，衡量自身设计和用户体验的优劣性，取长补短，快速地自我调整，提升用户使用 APP 的满意度，节约成本，以及使收益最大化。

1.2 如何做竞品分析

竞品分析在 APP 的各个阶段都是十分重要的，依据不同的目的，选择合适的方法，才能高效地完成任务。这里给大家提供一个普遍的竞品分析的流程。

第一步：确认竞争对手；第二步：挖掘对手信息；第三步：分析数据信息；第四步：输出分析报告，如图 1-1 所示。

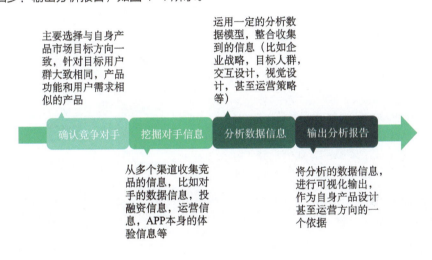

图 1-1 做竞品分析的流程

找准目标发力（确认对手）

确认竞争对手，是竞品分析的第一步，也是比较重要的一步。方向必须要正确，才能事半功倍。竞争对手的选择一般考虑两个因素：第一要选择与自身 APP 市场目标方向一致、目标用户群大致相同、功能和用户需求相似的 APP；另一个是市场目标方向并不一致，但是其 APP 的功能需求与自身 APP 的功能需求互补的 APP。

假设，你的 APP 定位是一款即时通信类 APP，那你所要考虑选择竞品的类型就包括：第一类可以选择如微信、陌陌、QQ、聚聚等，第二类可以是 YY、斗鱼和最近比较火的映客等。前者跟你的 APP 功能和用户需求相似，只是针对的目标用户群不同；第二类也承载了即时通信的功能，但是他们的赢利点并不在即时通信这一功能上，所以也可以当做参考，如图1-2所示。在竞品数量选择方面，并不是越多越好的，要根据不同的目的，选择优质和适合的竞品。

参考分析对象：承载了即时通信的功能，但是这些产品的赢利点并不在即时通信上。可以当做产品在占领一定市场份额后发展的方向

主要分析对象：产品功能和用户需求相似，只是针对的目标用户不同。微信和QQ针对的人群相似，但是年龄段会有所区分，陌陌以陌生人社交为出发点，JUJU则对焦二次元用户，都是做即时通信为核心功能的产品

注：图片中产品LOGO来源于网络

图1-2 找准竞品分析目标

信息决定未来（挖掘信息）

在确定好竞品目标之后，下一步就是挖掘竞争对手的信息，这里给大家提供一些常用的方法。

第一步：收集资料

收集APP的数据资料，如了解APP的下载量以及市场方面的数据。

收集APP的其他信息，包括关于APP的新闻、研究报告、用户对APP的评论、网友的评论文章、对APP的评价和用户体验方面的感受等信息。

第二步：收集资料的一些渠道

可以从公司内部的资源，运营部门去获取对手的信息，也可以从如艾瑞、QQ群、知乎、36KR、快鲤鱼、虎嗅、官网、搜索引擎等平台去获取行业动态和APP信息，还可以从调研竞品的细分用户人群去了解竞品的使用情况。渠道是多种多样的，信息

第 1 章 竞品分析

的筛选和收集要根据做竞品分析的目的去收集，才会准确和有针对性，如图1-3所示。

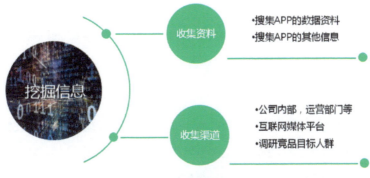

图 1-3 收集资料

数据是支撑（分析数据）

在得到大量的信息之后，就需要对信息进行详细分析，一般要分析以下几个部分：市场趋势（行业现状）、竞品的企业愿景（APP 定位、发展策略）、目标用户（主要输出人物画像）、竞品的核心功能、交互设计、APP 的优缺点、运营以及推广策略、总结并提出对 APP 的参考建议。可以针对不同的项目目标，选择合适的部分去分析。在前期，竞品分析一般用到的方法有 SWOT 法、KANO 模型、波士顿矩阵（四象限对比法），每种方法的定义如图 1-4 所述。

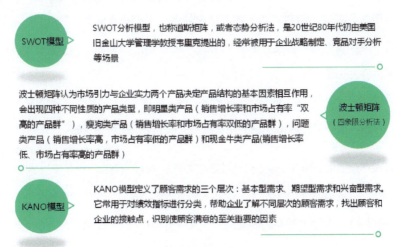

图 1-4 竞品分析方法的定义

007

这里主要叙述SWOT模型的使用方法。SWOT代表企业的优势（Strength）、劣势（Weakness）、机会（Opportunity）和威胁（Threats）。

优劣势分析主要着眼于企业自身的实力与竞争对手的比较，而机会和威胁分析将注意力放在外部环境变化对企业可能的影响上。

> **名词解释**
>
> 波士顿矩阵：在明确各项业务单位在公司中的不同地位后，可以进一步明确它的战略目标。应用范围主要包括四个部分：1.发展（以提高经营单位的相对市场占有率为目标，甚至不惜放弃短期收益。要是问题类业务想尽快成为"明星"，就要增加资金投入）；2.保持（投资维持现状，目标是保持业务单位现有的市场份额，对于较大的"金牛"可以以此为目标，使他们产生更多的收益）；3.收割（这种战略只要是为了获得短期收益，目标是在短期内尽可能地得到最大限度的现金收入。对处境不佳的金牛类业务及没有发展前途的问题类业务和瘦狗类业务应视具体情况采取这种策略）；4.放弃（这种目标适用于无利可图的瘦狗类业务和问题类业务）。
>
> KANO模型：KANO模型是一种典型的定性分析模型，一般不直接用来测量顾客的满意度。基本型需求是指APP如果某类需求没有得到满足或者表现欠佳，用户的不满情绪会急剧增加，并且此类需求得到满足后，可以消除用户的不满，但并不能带来满意度的增加。期望型需求是指APP的某类需求得到满足或表现良好的话，用户满意度会显著增加。当此类需求得不到满足或者表现不好的话，用户的不满也会显著增加。兴奋型需求是指APP的某类需求一经满足，即使表现并不完善，也能带来用户满意度的急剧提高，同时此类需求如果得不到满足，往往不会带来用户的不满。

OT（Opportunity Threats），威胁指的是环境中一种不利的发展趋势所形成的挑战，如果不采取果断的战略行为，这种不利趋势将会导致公司的竞争地位受到削弱。机会就是对公司行为富有吸引力的领域，在这一领域中，该公司将拥有竞争优势。

SW（Strength Weakness），竞争优势是指一个企业超越其竞争对手的能力,这种能力有助于实现企业的主要目标——盈利。值得注意的是:竞争优势并不一定完全体现在较高的盈利率上,有时也体现在 APP 所占市场份额或者其他的方面,比如产品线的宽度、产品的适用性、风格、用户体验、线上线下的服务等。举个例子:蚂蜂窝是一个主打旅游攻略的社交分享类网站,用 SWOT 模型分析该产品得到的结果如图 1-5 所示。

旅游攻略是蚂蜂窝进军移动端的拳头产品,手握海量UGC数据和攻略引擎技术。资讯类APP掌握信息就等于掌握了用户,蚂蜂窝5000万用户,80%来自移动端,5款移动APP,攻略是核心,按80%算,再二八原则,估算旅游攻略2000万用户,用户意味着变现的资本,大数据可以通过预售的方式来反向定制旅游产品。

盈利模式单一,目前只是与传统OTA合作的佣金+广告模式(流量变现是永恒的话题)

旅行市场需求越来越大,人们越来越倾向于个性化自由行,OTA的标准旅游产品已经满足不了人们日益增长的精神文化需求,作为旅行资讯产品,比OTA更有优势提供定制旅行服务,优化完善用户根据行程规划匹配预订产品的体验。依托大数据可以用来预售旅游产品,优化供应链资源分配。各种打车、餐饮O2O服务迅速发展,这些服务都属于旅行的重要场景,与O2O服务结合,可以将用户场景从出行前拓展到出行中,给用户更好的体验,也可以增加更多的赢利点

虽然早期的数据积累建立了一定的行业壁垒,短期内不可替代,但是目前的变现能力还能支持技术和运营走多远还有待考证。

图 1-5 马蜂窝 SWOT 分析法结果

结果决定价值(输出结果)

在所有准备都做好之后,就要输出竞品分析的文档了。竞品分析的文档一般包括几个组成部分:

- 市场趋势、行业现状;
- 竞品的企业愿景、APP 定位、发展策略;
- 目标用户、人物画像;
- 核心功能;

- 交互设计；
- APP 的优缺点；
- 运营以及推广策略；
- 总结并提出对 APP 的参考建议。

这里给大家举一个百度地图的竞品分析的例子。

市场趋势（行业现状）是指要做的 APP 所处行业目前大致的一个情况，在前期搜集资料的时候要注意这个部分的数据收集和分析。从行业现状和竞品的 SWOT 模型，可以清楚地认识到自身的 APP 在整个行业中所处的位置，以及自身 APP 的竞争壁垒。APP 定位应该很清晰地指出满足了哪些用户的需求，他们的需求是什么？（可以参考图 1-6 和图 1-7 所示）

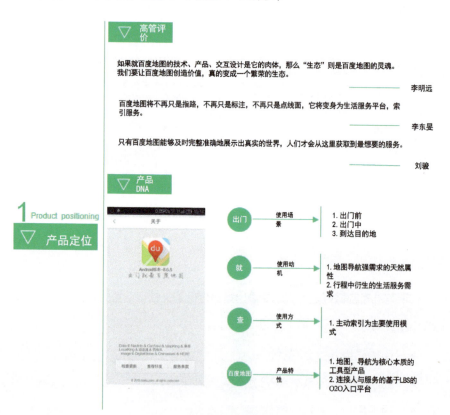

图 1-6　百度地图竞品分析 1

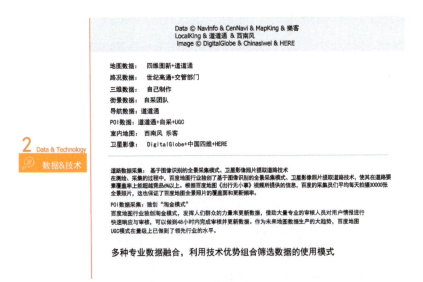

图 1-7　百度地图竞品分析 2

在了解 APP 的定位之后，可以认识到 APP 所针对的目标人群是很重要的。我们需要对目标人群进行调研，找出他们的痛点和需求，最后输出人物画像。人物画像一般包括：基本信息、典型场景、目标和动机、需求和痛点、对 APP 的态度等。详情请查看第二章《用户画像的美》。（可参考图 1-8 进行人物画像的创建）

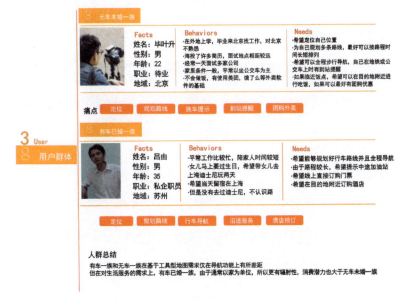

图 1-8　百度地图竞品分析 3

针对自身 APP 的市场定位，和目标人群的痛点需求分析，可以确定 APP 的核心功能，也是 APP 相较于竞品的核心竞争力。分析竞品的核心功能、信息架构、核心功能的任务流程，并判断其优劣，作为自己 APP 的参考（这个部分可以参考图 1-9 至图 1-15）。

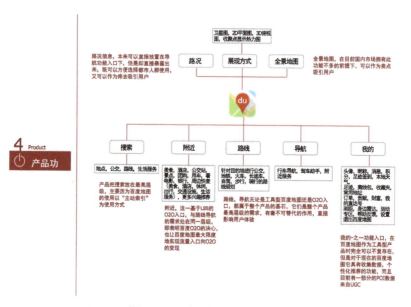

图 1-9　百度地图竞品分析 4

图 1-10　百度地图竞品分析 5

第 1 章 竞品分析

图 1-11　百度地图竞品分析 6

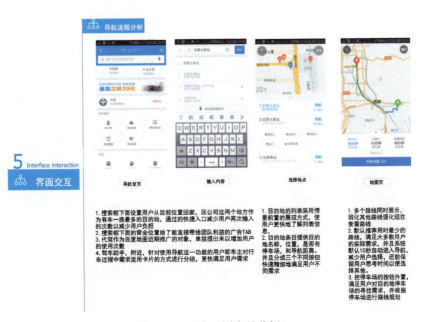

图 1-12　百度地图竞品分析 7

一个APP的诞生——从零开始设计你的手机应用

图1-13　百度地图竞品分析8

图1-14　百度地图竞品分析9

第 1 章 竞品分析

图 1-15 百度地图竞品分析 10

从前面的几个部分可以清晰地了解到竞品从 APP 定位到交互设计，甚至视觉设计的大致情况。这个部分，主要是总结竞品的优点和缺点，优点我们需要保证自身的 APP 体验不低于竞品，缺点需要我们尽量去避免，这样才能做出一个好的 APP（可以参考图 1-16 和图 1-17）。

图 1-16 百度地图竞品分析 11

图1-17 百度地图竞品分析12

在一个APP上线之后需要进行运营,这样APP才能保持生命力。这个部分需要我们尽可能地去了解竞品的运营和推广策略,为后期我们的APP上线后运营做一个参考,详情可以参考本书的第十章。最后一个部分是对APP的一些走向预测和建议(可以参考图1-18)。

图1-18 百度地图竞品分析13

1.3 Great Artists Steal——Jobs

"Good artists copy, great artists steal"

——Steve Jobs

资源要学会使用

乔布斯的意思是一个伟大的艺术家都是从前人的基础上，通过总结和自我取舍，形成自己的方法，这不可耻，大家都是从巨人的肩膀上走过来的，一个 APP 也是如此。从竞品分析报告上，我们可以清晰地认识到竞争对手的优劣势，值得借鉴或者引以为戒的地方，针对自己的 APP，思考其市场定位，找出空缺市场和突围点，尽量去构建 APP 体验的闭环。可以精准化目标人群，构建完善和相对准确的用户画像，找到用户的痛点和刚需，解决用户的实际问题。参考竞品，做到简化操作流程，提高效率，优化交互设计，提高 APP 的可用性和易用性。视觉上要符合主流审美，提高用户的感官感受，等等。

小结

竞品分析的价值主要体现为两个方面，企业和设计。企业方面，最主要的是可以明确 APP 的优势和劣势，从而找到准确的发力点；设计方面，则主要是提供参照，保证用户体验。需要掌握进行竞品分析的大致流程和方法：确认对手→挖掘信息→分析数据→得出结果。同时需要掌握如何确认对手，怎样去挖掘信息，竞品分析的常用方法，以及竞品分析报告的组成部分。

作业

选择一款便签，进行竞品分析（主流的），或者选择一款工具类的 APP 进行竞品分析。

02 用户研究

本章目标

1. 了解用户研究的意义
2. 了解用户研究的一些方法
3. 掌握建立用户画像的流程
4. 了解一般用户画像的分类及每种类型的使用方法和优缺点
5. 掌握调研问卷的制作流程以及注意事项

关 键 词

用户研究　　用户画像、人物建模　　访谈　　深度访谈

调研问卷　　Persona

2.1 为哪类人群而设计

用户研究——了解用户第一步

用户研究是 UED 流程中的第一步，它是一种理解用户，将他们的目标、需求与自身 APP 和商业宗旨相匹配的一种方法。在互联网领域内，用户研究主要应用于两个方面：对于全新 APP 来说，用户研究一般用来明确用户需求点，帮助设计师选定 APP 的设计方向；对于已经发布的 APP 来说，用户研究一般用于发现 APP 的问题，帮助设计师优化 APP 体验。

价值决定成败

对公司来说，用户研究可以节约宝贵的时间、开发成本和资源，创造更好、更成功的 APP。对于用户来说，用户研究使得 APP 更加贴近他们的真实需求。通过对用户的理解，我们可以将用户需要的功能设计得有用、易用，最重要的是解决他们的实际问题。例如 Airbnb，创始人 Joe Gebbia 和 BrianChesky 因为支付不起高昂的房租，两人将充气床垫摆在地板上，决定把他们的阁楼变成一个借宿场所，并给住宿者提供早餐。他们建立了一个简单网站，并且有了第一批租客，在 Nathan Blecharczyk 这个天才工程师加入之后，他们创办了公司，名字叫做 Airbed&Breakfast。在 2009 年的一个晚宴上，拿到投资的他们正式更名为 Airbnb。在这之后，它迅速发展，在 2013 年的夏天，官方宣称已拥有 900 万用户。Airbnb 正是对用户痛点和市场需求的准确对焦和把控，才能迅速发展。它改变了人们的租住意识，甚至改变了它所在的行业，最后 Airbnb 成为一种模式，被更多的 APP 效仿。在不了解目标人群和市场需求的情况下，就需要进行用户研究了。

那用户研究一般用的方法有哪些呢？用户研究的方法一般包括：场景观察、执行使用测试（可用性测试）、事故分析（结合运营数据）、问卷研究、访谈研究、自省研究（可用性测试）、协同设计和评估、创新方法、桌面研究、模型研究（卡诺模型）、专家评估、自动化评估等，如图 2-1 所示。

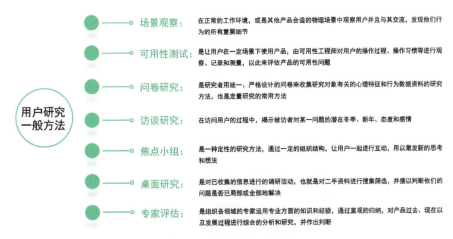

图 2-1　用户研究的方法

工作中并不是所有的方法都要用到，一般影响方法论使用的因素主要有 APP 所处的周期、用户的类型、功能的类型、APP 本身的特征、APP 的约束条件、用户体验团队的经验和能力等。

在一个 APP 初期没有投入设计和研发的时候，并且团队的人力不足的条件下，一般选择访谈研究和问卷研究，获得数据，通过分析和整理，最终输出用户画像，作为指导后期设计和开发的依据。

2.2　用户研究的美 -persona

用户画像那些事儿

用户研究最终的输出物之一就是用户画像，是为了让团队成员在 APP 设计的过程中，能够抛开个人喜好，将焦点关注在目标用户的动机和行为上。

输出用户画像的流程一般可以分为 3 个步骤：获取研究用户信息、细分用户群、建立并丰富用户画像，如图 2-2 所示。

图 2-2　输出用户画像的路程

建立用户画像的方法一般分为三个大类：定性用户画像、经定量验证的定性用户画像、定量用户画像。

- 定量研究通常从既有的理论出发，提出理论假设，然后通过问卷等工具收集具有数量关系的资料，对资料进行量化，采用数据的形式来验证预想的假设，从而揭示客观事实。最常用的方法就是问卷法。

- 定性研究是一个创立理论的过程。通过访谈等方法收集以文字或者图片等形式的第一手描述性资料，采用归纳法，逐步由具体向抽象转化，然后形成理论。最常用的研究方法有：观察法、访谈法。

每一类用户画像都有一个大致的流程，也有各自的优点和缺点，如图 2-3～图 2-5 所示。

一般来说，定量分析的成本较高，时间线较长，但是画像也相对专业和准确，而定性研究则相对节省成本。所以用户画像的创建方法是不固定的，需要根

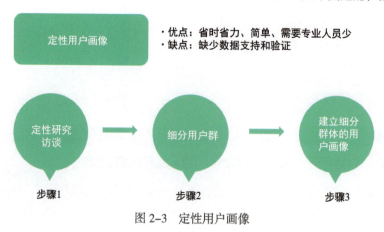

图 2-3　定性用户画像

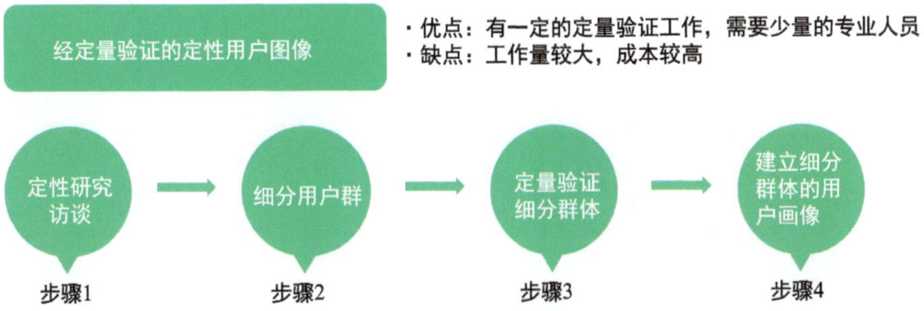

第 2 章 用户研究

经定量验证的定性用户图像
- 优点：有一定的定量验证工作，需要少量的专业人员
- 缺点：工作量较大，成本较高

定性研究访谈 → 细分用户群 → 定量验证细分群体 → 建立细分群体的用户画像

步骤1　步骤2　步骤3　步骤4

图 2-4　经定量验证的定性用户画像

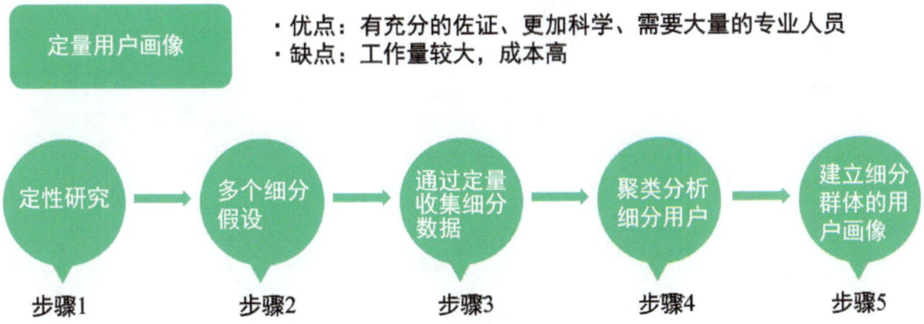

定量用户画像
- 优点：有充分的佐证、更加科学、需要大量的专业人员
- 缺点：工作量较大，成本高

定性研究 → 多个细分假设 → 通过定量收集细分数据 → 聚类分析细分用户 → 建立细分群体的用户画像

步骤1　步骤2　步骤3　步骤4　步骤5

图 2-5　定量用户画像

据实际的项目需求和人力、物力和时间成本而定。这里介绍几种常用的方法：街头拦访、深度访谈、问卷调研，如图 2-6 至图 2-8 所示。

街头拦访

定义
分为随机街头拦截访问（即平时所说的街头拦访）和有场所的街头拦截访问（即定点拦访）两种形式

定点拦访：将被访者请到事先确定的场所再开始访问
随机街头拦截访问：在拦截地点当场进行访问

优势
1）快速，短时间内可收集较多样本
2）便捷，无须预约用户

劣势
1）被拒率较高
2）环境嘈杂，用户注意力有限，测试素材和问题不宜过多

用途
界面设计比较、产品测试、用户使用场景、用户行为等

图 2-6　街头拦访

深度访谈

定义

深度访谈分为结构访谈和无结构访谈两种，通常由专业的访谈者对用户进行深入的访谈，用来揭示用户对某一问题的态度、动机和情感。

优势

1）可深入讨论一个问题，对态度、动机等进行挖掘
2）信息量大

劣势

1）时间、金钱成本高
2）对访谈技巧有一定要求

用途

深入挖掘用户的产品使用场景、目标和观点，挖掘用户需求

图 2-7　深度访谈

问卷调研

定义

将所要研究的问题编制成问题表格，了解被试对某一现象或问题的看法和意见
问卷内容决定了调查研究结果的有效性和可靠性。

优势

快速、高效收集大样本信息

劣势

1）信息局限于问卷回答，无法追问
2）无法精确选择样本

用途

用户的产品使用场景、使用行为、产品评价等

图 2-8　问卷调研

用户画像一般包括以下几个元素：基本信息（包括姓名、照片、年龄、家庭状况、收入、工作）、典型场景、目标和动机、需求和痛点、对 APP 的态度（喜好）等。举例如图 2-9 所示。

第 2 章 用户研究

图 2-9 用户画像举例

满足需求是 APP 的重点

对于公司来说，可以实现精准营销，用户画像可以分析出 APP 的潜在用户，对特定群体利用有效的方式进行营销，比如在用户画像中，有一类爱贪小便宜的用户，那么公司就可以针对这类用户，推送价格优惠和免费领取礼物的方案，这样会促进这类人群消费。也可以完善 APP 运营（详情见本书第十章），提高服务质量。还可以进行 APP 的私人定制，即个性化的服务，举个大家比较熟悉的例子，淘宝在早期做的推荐，不管用户是谁，推荐的商品都是一致的，并没有专门针对某个人群做个性化的服务，在积累了大量的数据之后，运用用户画像，实现精准到个人的商品推荐，大大提高了成交率，也避免了用户在浏览和选择商品的时间消耗，提高了效率。对于设计来说，精准的目标人群，可以让设计师更清晰地认识到目标人群的特点，只有针对目标人群做出的设计才能更好地满足需求。

2.3 调查问卷的基本设计——如何做一份问卷？

设计问卷的目的是为了更好地收集信息或者去定量地验证定性研究的结果。因此在问卷设计的过程中，要把握调查的目的和需求。具体可以分为以下几个步骤：第一步，根据调查的目的，确定所需信息资料（比如用户画像、竞品分析文档等），在此基础上进行问题的设计与选择。问卷设计者必须了解该问卷想了解哪些方面，要解决什么问题，投放的目标人群是谁；第二步，确定问题的顺序。一般的，简单容易的问题放在前面，逐渐移向难度较大的。问题的排列要有关联，合乎逻辑。第三步，问卷的测试和修改，如图 2-10 所示。

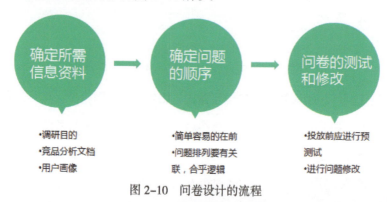

图 2-10 问卷设计的流程

下面给大家举个例子，以阐述一般设计问卷的流程（以全民 K 歌，边缘型用户为例）：

设计问卷的目的是，想验证定性调研阶段输出的该类目标用户的行为属性、使用 APP 典型场景和他们的需求痛点是否有一定的准确性。所以需要搜集定性阶段的输出的文档，比如竞品分析文档和该类人群的用户画像（见图 2-11）。

第 2 章 用户研究

提高唱功型

个人信息

姓名：小美
性别：女
年龄：23岁
职业：设计师
性格：开朗、外向、敢于表现自己
常用的APP：微信、微博、美颜相机、美图秀秀
爱好：美食、购物、唱歌
人物特点：常常是KTV中的麦霸级人物，爱练歌

使用场景

1. 小美是个特别开朗的姑娘，平时工作忙，空闲时间喜欢去K歌，但是有些歌不太会，而且KTV歌曲种类也不全，作为麦霸级的人物，是不允许自己有不会的歌曲的。所以在下班后打开APP，练习一下不太熟练的歌，提升自己的唱歌水平，会练习很多次，比较在意评分的高低，希望可以下次跟朋友K歌的时候，一鸣惊人。
2. 在使用微信的时候，看见有人分享热门歌曲，听一下，是自己喜欢的歌，也想唱，所以打开APP，娱乐一下。

核心需求

1. 歌曲资源不全
2. 唱功不好
3. 希望软件可以让自己的声音更好听
4. 需要了解提高唱歌的方法

图 2-11　用户画像

　　在对调研的对象有所了解之后，开始设计问卷的题目，根据调研的目的，可以将题目分为三个部分：第一个部分是了解用户的基本信息，包括他的年龄、爱好、与 APP 相关的生活行为，第二个部分是了解用户使用 APP 的典型场景，比如是否是碎片化的时间使用，使用的频次是多少等；第三个部分是针对用户的痛点进行题目的设置，比如在用户画像中，歌曲资源不全，唱功不好，是该类人群的一个特点，则可以针对这个特点设置相对应的题目。这三个部分是一个层次递进的过程，题目的设置应该从简单到复杂，内容不能让用户有太多思考，问卷的题目一般保持在 15 个题目左右，依具体的情况而定，具体案例示例如下。

全民 K 歌用户体验调研问卷

　　尊敬的女士 / 先生，你好：

　　目前我们正在开展一项关于全民 K 歌的用户体验调研信息收集，希望占用您几分钟的时间，了解一下您对使用全民 K 歌的感受和看法，您的答案没有对错之分，只根据您自己使用经验来回答。我们将对您的回答和身份保密，请您放心，谢谢！

第一部分：用户的基本信息

1. 请问您目前的周岁年龄属于以下哪个范围？（单选）

    a. 18 岁以下

    b. 18～25 岁

    c. 26～30 岁

    d. 31～35 岁

2. 请问您的性别是？（单选）

    a. 男

    b. 女

3. 下面哪种情况下会使用唱歌类软件？（多选）

    a. 想去 KTV 没朋友陪着去的时候

    b. 想唱但是不敢在朋友面前唱

    c. 唱功不好，总跑调

    d. 看见朋友在玩，自己也想试试

    e. 其他情况

第二部分：用户使用 APP 的典型场景

4. 您是在以下哪种情况下接触到全民 K 歌的呢？

    a. 朋友推荐的

    b. 看到大家都在玩，想玩

    c. 比较喜欢唱歌，自己去应用市场搜索的

    d. 其他渠道

5. 您使用全民 K 歌 APP 的时间是哪个？

a. 只要有空就会打开看看

b. 下班之后

c. 周六周日以及节假日

d. 其他时间段

6. 您使用 APP 的频率是多少?

a. 每天都会用

b. 两三天打开一次

c. 一周打开一次

d. 想唱歌的时候才打开，不固定时间

第三部分：用户使用 APP 的需求与痛点

7. 在使用 APP 的过程中，比较在意以下哪几个方面呢?

a. 歌曲评分

b. 收听量

c. 粉丝量

d. 无所谓，自己唱的开心就好

8. 在使用 APP 的过程中，搜索不到自己想要的歌曲频率是多少?

a. 几乎都能搜到

b. 偶尔搜索不到

c. 常常搜索不到

d. 自己想唱的都搜不到

9. 在使用 APP 唱歌的过程中，是否需要专业人士的指导?

a. 特别需要

b. 在自己不熟悉歌曲的时候需要

c. 完全不需要

10. 基于您的使用体验，您对全民 APP 的总体满意度评价是?

a. 非常满意

b. 比较满意

c. 还可以

d. 不太满意

e. 非常不满意

11. 对全民K歌不满意的地方，包含？（多选）

a. 常常会搜索不到自己的歌曲

b. 声音即使优化后也并不是很好听

c. 每次唱歌评分都很低，很不开心

d. 我想要专业的人士指导

e. 视觉不好看，不喜欢

f. 操作不好用，常常找不到按钮

g. 其他原因

2.4 数据的整理与输出

数据可视化——看得到的信息

信息可以用多种方法来进行可视化，每种可视化的方法都有着不同的着重点。处理数据之前，首先要明确的一点是：你打算通过数据讲述怎样的故事，数据之后又在表达着什么？通过这些数据，能怎么指导你的工作，是否能帮观者正确地抓住重点，了解行业动态。了解这一点之后，你便能选择合理的数据可视化方法，高效传达数据信息。

数据可视化的方法

数据可视化如图 2-12 所示。数据可视化常用的图表形式有以下几种：柱状图、饼图、折线图、面积图、散点图、气泡地图、热点地图，如图 2-13 所示。

图 2-12　数据可视化（图片来自于 shuttshock）

一个APP的诞生——从零开始设计你的手机应用

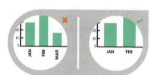

使用水平排列的文字标签
不要使用水平对角线或者垂直排列的文字,以便易读。

栏要合适间距
栏间距应该为栏宽度的1/2

Y坐标轴的数值要从0开始
如果越过0设置坐标轴原点,那么便无法精确表现整体数值。

颜色使用要一致
柱状图最好使用一种颜色,当然,特别需要突出的数据也可以用另外一种醒目的颜色用以区分。

数据排列要合理
按字母循环排列分类。

饼状
用来展现部分和整体的关系

环状
样式变化,保留了饼状的功能,且重要元素可以放在中心

图 2-13　数据可视化的图表

第 2 章 用户研究

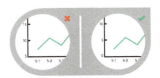

坐标轴尽可能要包括0基准线
尽管折线图无须从0基准线开始，但是尽量要包含0基准线，如果某些小范围波动意义非凡，可以截短比例，来展示这些变化。

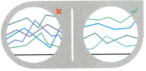

涵盖的折线不要超过4条
如果要展示的数据超过4组，那么在下一张折线图里面表示即可。

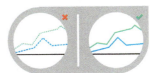

只用纯色线条
虚线和点线会让人分心。

直接在折线的末端加入文本标签
让读者读完折线图后立即能知道不同颜色所代表的数据，不要让他们读完了再下去看参考。

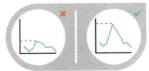

使用和图标比例差不多的高度
折线图的最高高度最好为Y轴的2/3

要设计的易懂
在堆栈类面积图中，变化量较大的数据放在上方，变化幅度较小的数据放置在下方。

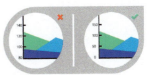

Y轴从0开始
从零开始，让数据可视化更精确。

不要超过4组的数据分类
太多的数据分类会让图表显得繁杂，难于阅读。

灵活使用透明色
在标准的面积图中，尽量确保数据不要重叠，如果重叠无法避免，可使用透明色。

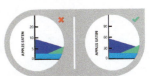

不要用面积图来展示离散数据
尽量展示变化较为稳定的数据，例列如温度，不要展示离散型不稳定数据。

（续）图 2-13　数据可视化的图表

033

可视化应用的案例（见图 2-14）

1 网络篇

图 2-14　可视化的案例（图片来源于网络）

第 2 章 用户研究

- **域名劫持：重庆最狠，台湾最轻**

  产品访问域名被劫持后，会对用户信息安全、访问体验以及开发查异常造成影响。按省份看，重庆市的被劫持比例11.08%，全国最高，最低的是台湾地区，仅0.02%；浙江省被劫持次数全国最高，一个月内达248874次，最低的也是台湾地区，仅19次。

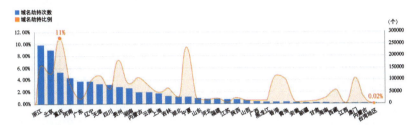

- **域名劫持：三大运营商占大头**

  劫持中国三大运营商劫持次数总共占到86%，其中中国移动以45%的占比位居榜首。中国移动的劫持比例在三大支营商中也排名第一，为7%，联通为2%，电信为1%。

2 终端篇

- **Android市场，三星第一，次席竞争激烈**

  三星用户数遥遥领先，占领安卓28%左右市场份额，是第二名华为的3.4倍。
  华为、联想、小米分别排在第二、三、四位，占比非常接近，安卓市场明年的竞争依旧非常激烈。

（续）图 2-14 可视化的案例（图片来源于网络）

一个APP的诞生——从零开始设计你的手机应用

- 三星、华为top10机型对比，三星更高端

型号	价格（RMB）	价格（RMB）	型号
I8268	980	610	T8951
Galaxy Grand DUOS	1900	670	G510
Galaxy Ace 2	850	300	Y310
GALAXY W	900	579	Y300
I8258	699	345	Y210
I8250	800	1100	荣耀+
GALAXY Tab 37.0	1788	540	T8828
SHE-E160L	2100	350	T8600
SHE-E160S	1800	1620	Ascend P1 XL
SHE-E210S	2600	900	U9000

- 广东、江苏、山东的山寨机最多

- 国产机那些牛逼哄哄的参数

不统计不知道，某些国产手机的硬件参数配置，不输于国外高端手机。

（续）图2-14 可视化的案例（图片来源于网络）

3 用户篇

- 小米用户更加年轻化

  小米用户19%是青少年（灯塔大盘22%），66%是初入社会的年轻人（灯塔大盘46%），15%是成家立业的中青年人（灯塔大盘32%）。

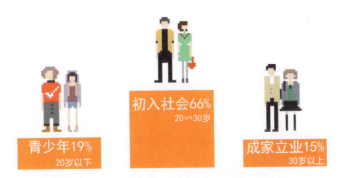

- 小米用户中男性偏多

  小米用户64%是男性（灯塔大盘用户，男性占55%），36%是女性。

- 东北三省的人们最爱玩手机游戏

  东北三省用户最喜欢玩游戏，辽宁、黑龙江、吉林分列1、2、5位，游戏比例高达80.3%、80.1%、76.8%，均高于全国平均水平（73.0%）。
  台湾地区游戏比例为40.4%，全国最低。

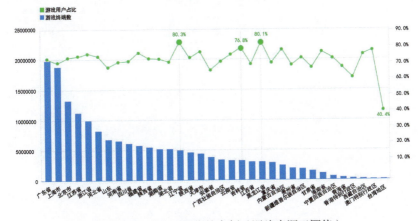

（续）图 2-14　可视化的案例（图片来源于网络）

● 游戏时段：香港人越夜越活跃

中午12点前后以及晚上7点前后是全国用户玩游戏的高峰期。
香港用户是越晚越积极，在晚上10点左右达到高峰。

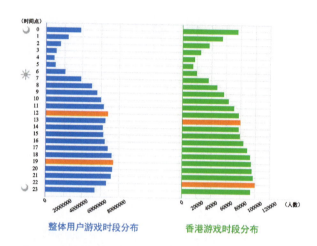

● 游戏人群：台湾、香港玩游戏的女性占比最高

玩游戏的用户中，男性用户占比58%（灯塔大盘55%），女性用户占比42%（灯塔大盘45%）。
台湾、香港地区玩游戏女性用户占比最高，为50%，最低的是西藏地区，仅为30%。

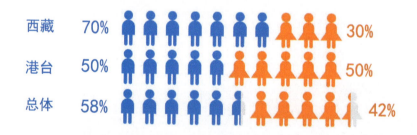

● 哪些应用可以帮助你拓展用户

天天酷跑、手机浏览器、手机管家的交叉数据报告告诉我们，产品间的交叉分析，可以让我们更清楚自己产品与其他产品的关联性与差异性。
天天酷跑与其他两款产品三者交叉用户才4%，有巨大的想象空间。

（续）图 2-14　可视化的案例（图片来源于网络）

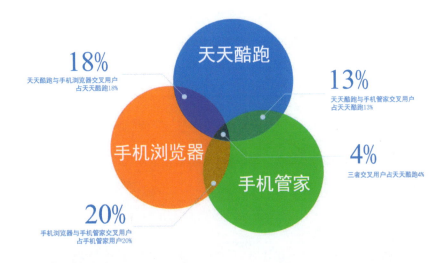

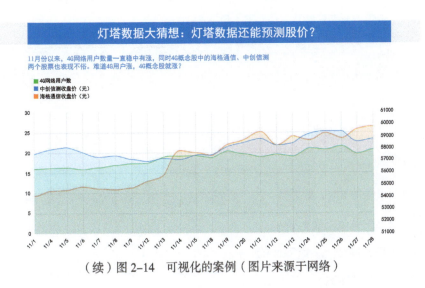

（续）图 2-14 可视化的案例（图片来源于网络）

小结

用户研究主要为了明确用户需求点和发现 APP 的问题，帮助设计师来优化 APP 体验。最主要的输出物就是用户画像。我们需要掌握输出用户画像的流程：

获取信息—细分用户群—丰富用户画像，根据不同的人力物力和 APP 实际情况选择不同类型的用户画像进行输出。用户画像包含的元素有基本信息、典型场景、目标和动机、需求和痛点、对 APP 的态度等。在调研过程中，经常用到的方法一般是街头拦访、深度访谈和调研问卷，要熟练掌握这几种方法，并进行数据可视化的输出。

作业

针对使用便签的用户，制作一份问卷。

网络文献

1. 休言万事砖头空，《一份让 BAT 的 HR 都尖叫的产品体验报告应该长什么样》，三节课（发表日期：2016 年 1 月 23 日）

2. @ 万程程，《蚂蜂窝"旅游攻略"APP 竞品分析》，人人都是产品经理，网址：http://www.woshipm.com/evaluating/140203.html（发表日期：2015 年 3 月 4 日）

推荐书目

1.《About Face》
2.《用户体验要素》
3.《Dont Make Me Think》
4.《可用性度量》

第二篇

设计规范与流程

在调研结束之后，整理清晰需求，便开始进入设计阶段。本篇主要讲述设计规范以及设计规范的用途，并在设计规范之后介绍常用的设计流程和自我管理的基本方法，以帮助提升整个设计的效率与质量。

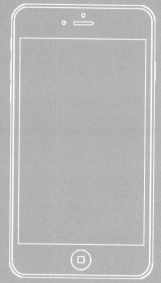

Chapter 2
设计规范与流程

第 3 章　设计规范
　　3.1　项目中设计规范的意义　　　　　　　　　　　044
　　3.2　iOS 与 Android 基础规范　　　　　　　　　　047

第 4 章　流程与管理
　　4.1　没有流程，你乱了吗　　　　　　　　　　　　064
　　4.2　项目管理与自我管理　　　　　　　　　　　　071

03 设计规范

本章目标

1. 了解设计规范的意义以及哪些情况应该建立设计规范而哪些情况不用
2. 熟知 Android 规范与 iOS 规范的差别在哪里
3. 了解界面中的设计规范主要元素有哪些并且知道它们的作用是什么

关 键 词

iOS 设计基础规范　　Android 设计基础规范　　常用界面尺寸

布局规范　　图标规范　　文字规范

3.1 项目中设计规范的意义

在打造一个 APP 的过程中，有许多重复的工作与沟通会花费大量的时间，不同的设计师的设计语言与理念通常也会有所区别，如果整个产品的设计语言或设计理念过多会导致最终呈现的产品在用户眼中是杂乱无章并且难以理解的，而设计规范可以很好地解决这个问题。

设计规范可以很好保证产品的一致性，提升同伴之间沟通的效率，同时还可以预防人员流动带来的不便，最终给用户呈现一个整洁易学的产品。

设计规范将渗透在整个产品中，不同的产品阶段对规范的要求也不一样，并非详细全面的设计规范就是最好的。小产品的快速开发适合简洁、灵活的设计规范，而大产品通常需要多人协作完成所以适合严谨详细的设计规范。制作设计规范时应考虑产品本身的阶段，一味地追求全面、详细，其结果不但不能真正帮我们提高工作效率，反而会延误产品开发的周期。

在确认产品现阶段是否需要制作设计规范之前，首先应明确设计规范到底包含什么内容与呈现方式是什么样的。简单地说，设计规范是一份由很多范例组成的文档，例如：一级标题用 36px，二级标题用 30px 等，可以很好地描述和统一产品应具有怎样的外观和交互方式。它也是一份指南，在创建、更新网站与应用、跨平台设计时知道在什么地方使用怎样的风格才能让用户更好地感受到这是一个家族的产品，它是一个产品家族的"基因"。同时设计规范可以帮助你了解一些典型的问题，例如，"toast 应该在什么时候出现""H1 标题要用多大的字号？""这部分文字内容应该左对齐还是两侧对齐，它们的间距是多少？"，等等。

通常设计规范是一个比较耗费精力与时间的任务，制作起来费时间，维护起来也比较麻烦。那么如何确定我们的产品是否需要建立一个设计规范？可以从以下几点来考量。

在以下情况下应该做设计规范：

- 产品有或者将会有比较多的功能模块时需要建立设计规范。
- 公司人员变动比较频繁。
- 产品终端比较多，如某些产品有移动端、PC 端、Pad 端等。

在下面情况下不应该做设计规范：

- 产品只有少量页面或者功能，如个人网站、餐厅官网等。

通常在着手设计一个 APP 之前就可以开始考虑交互规范的通用内容，如：导航样式、各类标题大小、字体间距等，这些通常能在 Apple 官方和 Android 官方的设计规范中可以查询到。提前准备可以更系统地考虑整个产品的设计。如果人力资源、时间等条件都充足的情况，则可以同时进行 iOS、Android 两套不同规范的方案设计，这样可以更好地保证不同手机系统用户的体验，例如网易云音乐的 iOS 和 Android 版本的设计，如图 3-1 所示。如果人力资源不足则可以采用一套

网易云音乐 3.3.3iOS 版　　　　网易云音乐 3.2.1Android 版

图 3-1　网易云音乐 iOS 版本与 Android 版本对比

规范为主，而在细节上进行不同的修改，这样可以减少非常多的工作量，例如微信 iOS 版本与 Android 版本，在大的设计构架上是相同的，但首页更多按钮的下拉菜单样式则是不同的，如图 3-2 所示。如果一个有庞杂功能的产品没有良好的规范，则会在用户面前呈现的是一个杂乱无章的产品，如同淘宝的微淘页面与社区页面，如图 3-3 所示。

微信 6.3.15iOS 版　　　　　　微信 6.3.15Android 版

图 3-2　微信 iOS 版与 Android 版对比

第 3 章 设计规范

淘宝微淘界面 5.5.1 版本　　淘宝社区界面 5.5.1 版本

图 3-3　淘宝界面

互动： 图 3-1 中，网易云音乐的 iOS 版本与 Android 版本有哪些不同的地方？

3.2　iOS 与 Android 基础规范

3.2.1　iOS&Android 基础规范

在从 0 到 1 打造一个产品的过程中，很多设计样式与规范在大部分产品中是通用的，提前准备好这部分内容在设计过程中可以起到事半功倍的效果。

这里分别从界面尺寸 + 布局 + 控件 +icon+ 字体五个方面介绍 Android 与

iOS 平台的设计基础规范，帮助大家了解一个产品最常用的设计规范应如何使用。

- iOS 常用界面尺寸

iOS 的机型比较少，常用的有 iPhone5（1136×640）与 iPhone6（1334×750）两个尺寸。iOS 对导航栏、标签栏、每个部位的图标大小等都做了细致的规范，在设计时可以直接采用。具体规范如图 3-4 所示。

附：界面设计的 PSD 素材可以扫描本书的二维码免费获取。

- iOS 布局规范

iOS 平台的产品中有四个常用的组件：栏（导航栏、标签栏等）、内容视图、控件、临时视图，如图 3-5 所示。

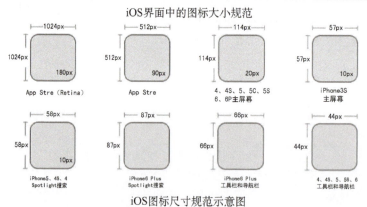

图 3-4　iOS 规范的大致内容

第 3 章 设计规范

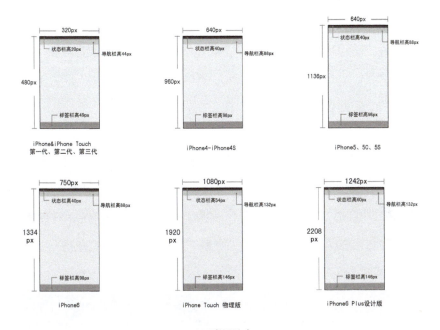

iOS常用尺寸

（续）图 3-4　iOS 规范的大致内容

图 3-5　iOS 布局规范

> **名词解释**
>
> 组件：在 APP 中可重复使用并且可以和其他对象进行交互的对象都可以称为组件。如按钮、弹窗、loading，等等。控件属于组件的一种，通常情况下在交互文档中不用区分控件与组件。

导航栏：用于指引用户了解目前在产品中所在的位置，并通过控件让用户进行相关操作。导航栏中通常会展示出当前页面的标题，某些情况也会展示出部分功能的入口，例如小红书首页的导航栏设计，如图 3-6 所示。iOS 平台的产品通常采用标签栏作为主要的导航，位于整个界面的最下方，微信的标签栏就是一个最标准的标签栏，如图 3-7 所示。

图 3-6　小红书首页导航设计

图 3-7　微信标签栏

内容视图：展示具体的内容信息，通常可以滑动，也可用通过控件进行相应的操作。如微信订阅号中的内容，如图 3-8 所示。内容视图通常也会带有更多的设计元素，可以更好地向用户传达出产品的特性，例如网易云音乐播放歌曲的界面，如图 3-9 所示。

图 3-8　微信订阅号界面

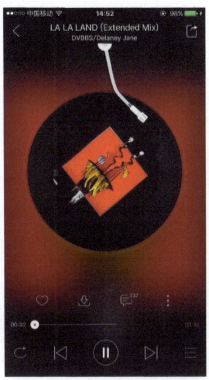

图 3-9　网易云音乐播放界面

- 控件

控件即 APP 的组成部分，如下拉式菜单、时间选择器、进度条等，如图 3-10 所示中 iOS 的控件库。多数产品会制定属于自己的控件库，如微信的按钮样式库，如图 3-11 所示。

临时视图：通常处于隐藏状态，需要特定的触发条件，出现时用于给用户传达重要信息或提供更多的选择和功能，如图 3-12 所示中的微信在退出朋友圈编辑页面时的警告框。某些情况下临时视图还可以作为新功能的介绍，如钉钉 APP 的审批功能介绍，如图 3-13 所示。

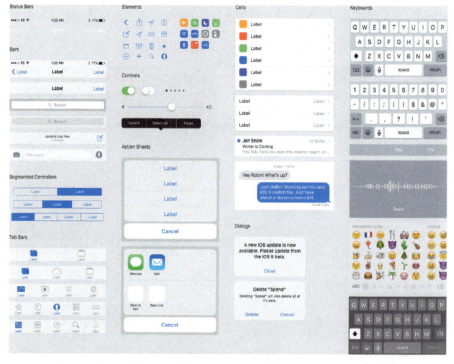

图 3-10　iOS 控件库

图 3-11　微信按钮样式库

- 图标规范（icon）

每个 APP 都需要 icon 以及启动画面，此外一些 APP 需要自定义图标用于导航栏、工具栏和标签栏中，来代表 APP 特有的内容、功能或模式。图 3-14 所示中的表格罗列出来的尺寸可以为自定义图标和图片作参考，最终输出的内容即如图 3-15 所示中微信的图标库相同。

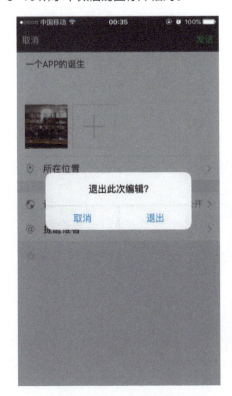

图 3-12　微信警告弹窗　　　　　　　图 3-13　钉钉审批功能介绍

- 文字规范

Apple 为全平台设计了 San Francisco 字体以提供一种优雅的、一致的排版方式和阅读体验。在 iOS 9 及未来的版本中，San Francisco 是系统字体。

San Francisco 有两类尺寸：文本模式(Text)和 展示模式(Display)。文本模式适用于小于 20 点 (points) 的尺寸，展示模式适用于大于 20 点 (points) 的尺寸。当你在 APP 中使用 San Francisco 时，iOS 会自动在适当的时机在文本模式和展示模式中切换。具体的文字与间距的比例规范如图 3-16 所示。

描述	适用于 iPhone 6s Plus and iPhone 6 Plus (@3x)	适用于 iPhone 6s, iPhone 6, and iPhone 5 (@2x)	适用于 iPhone 4s (@2x)	适用于 iPad and iPad mini (@2x)	适用于 iPad 2 and iPad mini (@1x)	适用于 iPad Pro (@2x)
APP icon（所有APP均要求）	180×180	120×120	120×120	152×152	76×76	167×167
用于APP Store的APP icon（所有APP均要求提供）	1024×1024	1024×1024	1024×1024	1024×1024	1024×1024	1024×1024
启动画面（所有APP均要求提供）	使用启动画面（请见Launch Files）	用于iPhone 6s and iPhone 6,的启动画面（请见Launch Files）5, 640×1136	640×960	1536×2048（竖屏）2048×1538（横屏）	768×1024（竖屏）1024×768（横屏）	2048×2732（竖屏）2732×2048（横屏）
Spotlight 搜索结果icon（推荐提供）	180×180	用于iPhone 6s and iPhone 6, 120×120 For iPhone 5, use 80×80	80×80	120×120	60×60	120×120
用于设置界面的icon（推荐提供）	87×87	58×58	58×58	58×58	29×29	58×58
用于工具栏和导航栏的icon（可选）	大约66×66	大约44×44	大约44×44	大约44×44	大约22×22	大约44×44
用于标签栏的icon（可选）	大约75×75（最大不超过144×96）	大约50×50（最大不超过96×64）	大约50×50（最大不超过96×64）	大约50×50（最大不超过96×64）	大约25×25（最大不超过40×32）	大约50×50（最大不超过96×64）
网页剪辑icon（网页应用和网页推荐提供）	180×180	120×120	120×120	152×152	76×76	167×167

图 3-14　iOS 图标尺寸规范

图 3-15　微信图标库

> **名词解释**
>
> 点（points）：是印刷行业常用单位，等于 1/72 英寸。

@2×(144 PPI) 下字号	字间距
6	41
8	26
9	19
10	12
11	6
12	0
13	-6
14	-11
15	-16
16	-20
17	-24
18	-25

@2×(144 PPI) 下字号	字间距
20	19
22	16
28	13
32	12
36	11
50	7
64	3
80 及以上	01

（a）SF-UI 文本模型下不同字号的间距值　　（b）SF-UI 展示模式下的间距值

图 3-16　iOS 字体规范

可以扫描以下二维码获取 iOS 规范的官方地址。

3.2.2 Android 界面尺寸规范

Android 平台机型较多，通常也可采用与 iPhone 相同的尺寸进行效果图的设计。Android 具体界面尺寸如图 3-17 所示。

名称	分辨率	比率 rate（针对320px）	比率 rate（针对640px）	比率 rate（针对750px）
idpi	240×320	0.75	0.375	0.32
mdpi	320×420	1	0.5	0.4267
hdpi	480×800	1.5	0.75	0.64
xhdpi	720×1280	2.25	1.125	1.042
xxhdpi	1080×1920	3.375	1.6875	1.5

(a) Android安卓系统dp/sp/px换算表

设备	分辨率	尺寸	设备	分辨率	尺寸
魅族MX2	4.4英寸	800×1280 px	魅族MX3	5.1英寸	1080×1280 px
魅族MX4	5.36英寸	1152×1920 px	魅族MX4 Pro未上市	5.5英寸	1536×2560px
三星GALAXY Note 4	5.7英寸	1440×2560 px	三星GALAXY Note 3	5.7英寸	1080×1920 px
三星GALAXY S5	5.1英寸	1080×1920 px	三星GALAXY Note II	5.5英寸	720×1280 px
索尼Xperia Z3	5.2英寸	1080×1920 px	索尼XL 39h	6.44英寸	1080×1920 px
HTC Desire 820	5.5英寸	720×1280 px	HTC One M8	4.7英寸	1080×1920 px
OPPO Find 7	5.5英寸	1440×2560 px	OPPO N1	5.9英寸	1080×1920 px
OPPO R3	5英寸	720×1280 px	OPPO N1 Mini	5英寸	720×1280 px
小米M4	5英寸	1080×19020 px	小米红米Note	5.5英寸	720×1280 px
小米M3	5英寸	1080×19020 px	小米红米1S	4.7英寸	720×1280 px
小米M3S未上市	5英寸	1080×19020 px	小米M2S	4.3英寸	720×1280 px
华为荣耀6	5英寸	1080×19020 px	锤子T1	4.95英寸	1080×1920 px
LG G3	5.5英寸	1440×2560 px	OnePlus One	5.5英寸	1080×1920 px

(b) 主流Android手机分辨率和尺寸

图 3-17 Android 常用界面尺寸

- Android 布局规范

Android5.0 以上的平台规范也可以称为 Material Design。其布局规范与

iOS 的相似，基本组成元素包括：状态栏 + 导航栏 + 主菜单栏 + 内容区域。其中大部分与 iOS 相同。只有标签栏的设计有所区别，Android 的标签设计通常置于屏幕上方，而 iOS 则通常置于屏幕下方，如图 3-18 所示。

图 3-18　网易云音乐 Android 版与 iOS 版导航对比

- Android 控件规范

这里同样以时间选择器与进度条控件为例。

时间选择器：日期和时间选择器是固定组件，在小屏幕设备中，通常以临时视图的形式展现，如网易云音乐中的音乐闹钟选择器，如图 3-19 所示。

进度条：Android 进度条大致分为两种，一种为线形进度条，另一种为环形进度条。线形进度条只出现在纸片的边缘，如图 3-20 所示中网易云音乐播放歌曲时界面底部的进度条。环形进度条如图 3-21 所示中网易云音乐刷新过程中的环形进度条。

图 3-19　网易云音乐中音乐闹钟界面

图 3-20　线形进度条

图 3-21　环形进度条

- Android 图标（icon）规范

Android 规范中桌面图标尺寸是 48dp × 48dp。桌面图标建议模仿现实中的折纸效果，通过扁平色彩表现空间和光影，如图 3-22 所示。常规形状可以遵循几套固定栅格设计如图 3-23 所示。但同时应注意避免以下问题：

- 不要给彩色元素加投影；
- 层叠不要超过两层；
- 折角不要放在左上角；
- 带投影的元素要完整展现，不能被图标边缘裁剪；
- 如果有折痕，放在图片中央，并且最多只有一条；
- 带折叠效果的图标，表面不要有图案；
- 不能透视、弯曲。

> **名词解释**
>
> dp：device independent pixels，长度单位（设备独立像素）

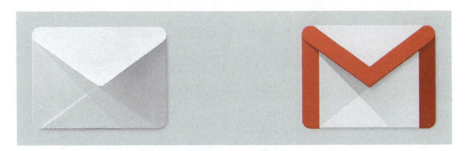

图 3-22　风格示意

设计界面时应优先使用 Material Design 默认图标。设计小图标时，使用最简练的图形来表达，图形不要带空间感。小图标尺寸是 24dp × 24dp。图形限制在中央 20dp × 20dp 区域内，如图 3-24 所示。小图标同样有栅格系统。线条、空隙尽量保持 2dp 宽，圆角半径 2dp，特殊情况相应调整。小图标的颜色使用纯黑与纯白，通过透明度调整：黑色：[54%

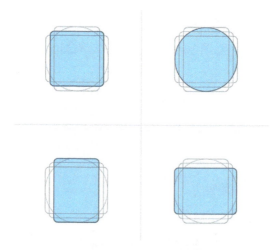

图 3-23　图标比例示意

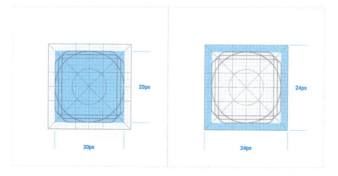

图 3-24　图标尺寸规范

正常状态] [26% 禁用状态] 白色：[100% 正常状态] [30% 禁用状态]，如图 3-25 所示。

图 3-25　图标色彩规范

- Android 字体规范

自从 Ice Cream Sandwich 发布以来，Roboto 都是 Android 系统的默认字体集。在这个版本中，Roboto 做了进一步全面优化，以适配更多平台。其宽度和圆度都轻微提高，从而提升了清晰度，并且看起来更加愉悦。设计界面时使用过多的字体尺寸和样式可以很轻易地毁掉布局。字体排版的缩放是包含了大部分常用字体尺寸的集合，并且他们能够良好地适应布局结构。最基本的样式集合就是基于 12、14、16、20 和 34 号的字体排版缩放，如图 3-26 所示。

Display 4	Light 112sp
Display 3	Regular 56sp
Display 2	Regular 45sp
Display 1	Regular 34sp
Headline	Regular 24sp
Title	Medium 20sp
Subhead	Regular 16sp (Device), Regular 15sp (Desktop)
Body 2	Medium 14sp (Device), Medium 13sp (Desktop)
Body 1	Regular 14sp (Device), Regular 13sp (Desktop)
Caption	Regular 12sp
Menu	Medium 14sp (Device), Medium 13sp (Desktop)
Button	MEDIUM (ALL CAPS) 14sp

图 3-26　Android 字体规范

这些尺寸和样式在经典应用场合中让内容密度和阅读舒适度取得平衡。字体尺寸是通过 SP（可缩放像素数，scaleable pixels）指定的，让大尺寸字体获得更好的可接受度。

> **互动：** iOS 规范与 Android 规范最不同的地方有哪些？

可以扫描以下二维码获取 Android 规范的官方地址。

小结

设计规范在复杂的产品中能很好地提高效率并保持产品的一致性，应尽早建立。对于一些简单的产品可以先不建立而在后期发展过程中建立。设计规范主要从界面尺寸 + 布局 + 控件 +icon+ 字体五个方面开始建立。而 iOS 与 Android 规范最大的不同在标签栏与导航栏的布局位置上。

作业

整理出便签 APP 必备的交互元素（如控件、组件）并制定相应的规范。

（注：如果选做其他产品则整理出该产品的必备的交互元素）

04 流程与管理

本章目标

1. 了解一个产品从无到有需要经历哪些设计流程,每个流程的要点有哪些
2. 了解项目管理的重要性与管理项目的基本元素
3. 了解自我管理的重要性与常用方法

关 键 词

设计流程　纸面原型　流程图　线框图　效果图

项目管理　自我管理　时间管理　知识管理

情绪管理　文件管理

4.1 没有流程，你乱了吗

打造一个 APP 的设计环节中最重要的是明确设计目的。在设计前必须明确 APP 的理念，再制定设计创意，才能做出绝妙而又能落地的设计。

从 0 开始打造一个 APP 必须要有专精不同技能的同事分工合作，以最高效的方式产出一个完整稳定的 APP 才能在市场竞争中站稳脚跟。在目前的 APP 产品设计中大部分都是采用小团队作业的方式，关于流程通常很少关注，所以导致 APP 在进一步发展壮大的过程中很容易就乱套了。

一个 APP 的研发流程大致为：用户调研→产品分析→交互设计→视觉设计→研发→测试→交付。其中需要三次评审，分别为产品需求评审（需要产品＋设计＋研发人员参与），原型评审（需要产品＋设计＋研发＋市场等人员参与），最后是开发评审。设计师在制定需求的环节加入是最为理想的状态，这个阶段加入可以更利于理解需求的起源并省去后期重新沟通的成本，还能为 APP 带入更多设计层面的思考，将用户体验注入到产品的基因中去。而通常在大公司中设计是属于 UED 部门的，UED 部门的工作流程如图 4-1 所示。

> **名词解释**
>
> UED：User Experience Design(用户体验设计)，简称 UED。UED 是进行产品策划的主力之一，他们用自己的知识、经验、设计能力拿出设计方案。

设计师的工作流程通常有以下 5 个步骤。

1. 绘制纸面原型

绘制纸面原型主要用于讨论设计思路与具体的设计方案。这个阶段追求快速呈现设计思路与方案迭代，不追求细致入微的刻画设计细节，如果有需要可以将纸面原型通过一些 APP 拍照制作出有点击交互的测试原型，常用的有 POP 等

APP，在 Android 应用市场与 APPstore 中都可直接下载到。纸面原型示意图如图 4-2 所示。

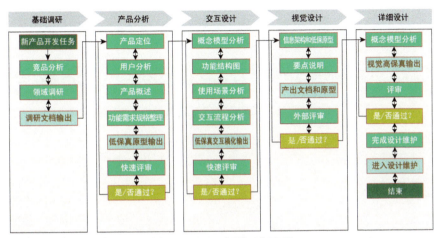

图 4-1　UED 内部工作流程

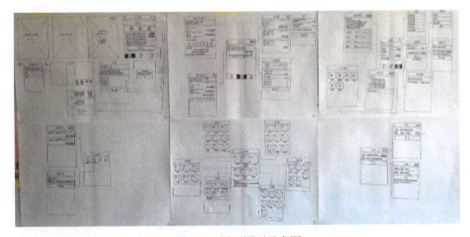

图 4-2　纸面原型示意图

2. 绘制流程图

纸面原型讨论结束后通常会得出比较清晰的功能流程，整理后便得出了这个需求的功能流程图，流程图中必须明确出需要一些什么界面与每个页面的内容，并且要标注出哪些页面会有特殊状态的提示。流程图常用的有泳道图、操作说明图等，如图 4-3 所示。纸面原型与流程图通常是由交互设计师完成的。

一个APP的诞生——从零开始设计你的手机应用

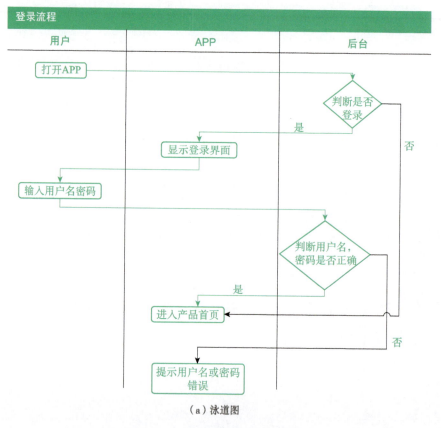

(a) 泳道图

图 4-3　流程图的两种常用方式

第 4 章　流程与管理

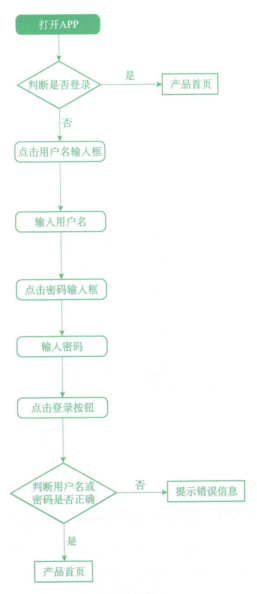

（b）操作说明图

（续）图 4-3　流程图的两种常用方式

3. 绘制线框图

　　流程图绘制完成后通常整个功能的流程就已经梳理得比较清晰了，接下来便要开始将流程图中每个界面的内容进行布局设计。这个阶段重点在于检查界面设计的布局与逻辑是否完善、体验是否流畅，所以为了缩短绘制线框图的时间，通常以黑白灰的形式呈现。线框图也叫做交互稿，一般是由团队中的交互设计师或者产品经理完成的，这个阶段要求比较细致完整地绘制出每个产品的界面，并且采用真实的信息与文字内容等，这样有助于帮助发现设计是否在真实的使用场景中存在问题。有需要的话还可以将线框图制作成为可点击的交互原型，可以向一些用户进行比较快速的可用性测试，还可以在较短时间内发现产品的交互或逻辑是否存在问题。线框图的呈现样式如图 4-4 所示。

4. 交互自查

图 4-4　线框图示意

线框图完成之后进行仔细的检查，这是整个设计流程中非常重要的一个环节。可以在设计方案评审前找出是否有遗漏的细节问题，在评审时为团队节省时间。交互设计检查清单如下：

（1）明确完成什么操作及主场景

不同的产品、需求对应的用户场景和操作流程是不同的，每次在自查前先明确需求，然后明确用户是在哪些主场景下完成什么任务？主场景有什么？操作有哪些等问题罗列在清单里。如手机阅读小说的场景大致有地铁上、公交上，等等，环境也随着场景不断变化。

（2）从框架流程再到内容细节检查（如：框架导航→流程→布局→转场→反馈→文字等）

按照要完成的任务梳理流程，绘制一个简易的流程图，可以让我们对原型流程有一个整体把控，防止出现逻辑问题。自查的过程中从具象到细节，先保证大流程没问题，再细化检查细节问题。

（3）框架导航检查

检查框架结构：是否合理、能承载产品功能结构。导航：广度、深度是否适中，易操作，拓展性是否良好。

（4）流程检查

操作流程从头到尾是否能顺畅地走下去，返回过程是否明晰从哪里来回哪里去。如从状态 A 到状态 B 的过程中是否有遗漏的反馈信息。触发源（即按钮等）当前界面中的状态是否明确。按钮的触发区域是否易操作。操作之后的加载状态等待时间是否超过 2s 左右，如果太长是否需要加入 loading。

（5）加载状态检查

加载状态检查项目主要有：

- 是否有反馈，反馈是否备注清楚；
- 是否需要添加有趣的转场动效；
- 成功、失败、空状态是否考虑齐全且有相关的提示；
- 上传的中间过程是否可以取消。例如更新应用、导入本地文件，此时是否允许用户取消。

（6）布局与内容检查

布局与内容检查的项目主要包括以下几点：

- 相关信息是否可合并，没有重复信息；
- 功能操作是否易操作，重要、频繁触发的功能按钮是否在手机的可操作区域；
- 文字是否通俗易懂、有趣；
- 界面内容是否完整，例如顶部标题、按钮里的文字过多等。

（7）特殊因素再复查

涉及硬件设备因素的检查主要包括：

- 横竖屏是否需要锁屏，横竖屏的布局及功能是否完整；

- 不同屏幕分辨率情况下是否会有适配问题，是否备注清楚；
- 新增功能是否影响老版本，是否需要升级。

涉及网络因素的检查包括：

- 网络超时；
- 网络太慢时是否加入 loading 状态；

针对账号相关的内容检查包括：

- 登录后才可操作的功能是否有向用户提示。

5. 制作视觉效果图

这是在 APP 进入研发之前的最后一个阶段。在线框图完成后，大体的界面布局已经比较完善，接下来便可以开始绘制视觉效果图了。这个阶段的设计图即是 APP 最终向用户呈现的界面，要求界面的设计规范、间距、图片、内容、文字信息都采用真实的信息，便于在进入研发阶段前进行最后的检测，这个阶段可以使用一些工具将界面制作出可点击的高保真原型，向目标用户进行有效的可用性测试，采集更多的信息与问题，在研发阶段前尽量多迭代几次，通常可以采用 invision 或者 demoo 等工具在线制作。效果图的最终展现样式如图 4-5 所示。

图 4-5　视觉效果图

4.2 项目管理与自我管理

项目管理通常在小产品的研发过程中是由设计师与产品经理共同承担的任务，主要是对实现目标需要完成的相关任务进行整体监测、督促和管控协商，这包括策划、进度排期等工作。项目管理最重要的是团队协作，常用团队协作软件有Tower、Teambition、Projeter。有效的项目管理方式可以帮助团队营造一个良好的开发节奏，让产品有条不紊地迭代，不断为用户带去惊喜，而混乱的项目管理则会导致产品在市场中丧失竞争力。

项目管理的5个基本元素为任务、目标、时间线、成本和负责人。

- 任务：怎么做——任务是项目的中心，必须完成这些任务才能实现目标；
- 目标：是什么和为什么——项目的目标就是它的前景；
- 时间线：何时——根据时间线来监测预计做某些事情的时间（以及做这些事情的实际时间）；
- 成本：是多少——每个项目都需要会计专业人员的参与；
- 负责人：是谁——强调责任的重要性。

常用的项目管理方式有甘特图的方式等，如图4-6所示，可以很好地将进度排期可视化，便于整个团队对进度做到心中有数。

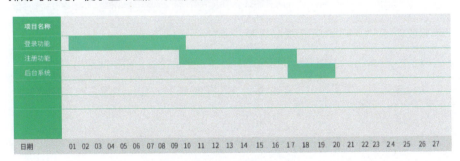

图4-6 甘特图

良好的自我管理习惯可以很好地提高工作效率，也能减少团队之间的沟通成本。自我管理的内容包括时间管理、目标管理、知识管理、文件管理、情绪管理5个主要的内容。

（1）时间管理——只有时刻记着有时间就处理重要但不紧急的事务，在关键时刻才能稳如泰山。

（2）目标管理——目标管理的方法通常是拆分大目标，设立小目标。分解目标的原则有以下几点。

①量化：目标必须清晰而且明确，能够量化，易于考核；

②实用：不要制定细节的目标，所谓周密完美的计划通常是难以按时完成的，进而打击自信心；

③规划：将长期目标分解规划为一个个短期目标；

④挑战：长期、短期目标都要有一定的挑战性，这样可以让人保持激情的同时快速成长；

⑤避免拖延：设置目标原则要具体，可量化，执行性强，可实现，并且有限制。

（3）知识管理——重点在于记录知识与随时能找到想要的知识。知识管理的步骤大致为以下几步。

①获取知识：随手将看到的知识、通过专有的渠道获得的知识进行简单的收集分类，以便于查找；

②学习知识：经常阅读行业内的报告、新闻，或者参与培训等，注意把碎片的知识吸收总结，把不同的知识关联思考，多与人分享交流；

③保存知识：把收集与学习到的知识分类，便于查找，便于携带与同步；

④分享知识：学习中分享的越多，得到的就越多，会认识很多志同道合的朋友。分享也是梳理自己的知识，复习的机会。

（4）情绪管理——情绪管理是指通过研究个体和群体对自身情绪和他人情绪的认识、协调、引导、互动与控制，充分挖掘和培养个体与群体的情绪智商，培养驾驭情绪的能力，从而确保个体与群体保持好的情绪，并由此产生好的管理。

这是一种掌控自我，控制和调节情绪的能力，对生活中的矛盾和事件引起的反应，能够适可而止地排解，也能够以乐观的态度、幽默的情趣及时地缓解紧张的心理状态。

设计师在工作中通常要与各个部门的人沟通，需要激情地做事，同时鼓励身边的同事，感染他们，也让他们快乐地工作，保持亢奋的工作状态。

保持好情绪的方法有：心理暗示（如相信明天会更好，在纸上写"三思而后行"等字样）、注意力转移（把注意力转移出去，如换个环境、出去散步等）、适度的宣泄、自我安慰等。

（5）文件管理——工作中所产生的每一份文件都应该做好接受众人审视的准备。让自己的工作更有逻辑性，更高效，也让拿到你文件的同事或者客户一秒钟就能看懂你的文件结构并找到他们需要的东西，同时也易于修改和补充，规整的文件命名、文件修改记录等。一个完整的新产品，设计部门通常会有以下3个文件夹：

①文档存放文件夹。用于放置需求文档、多语言文案、产品数据、竞品分析、邮件归档。

②交互文档文件夹。用于放置流程图、线框图等文件。

③视觉图文件夹。用于放置视觉效果图、视觉规范、切图与源文件等。文件夹的结构示例如图4-7所示。文件通常也采用通用的命名规范，如：界面名称+控件名称+位置区别+状态。

图4-7　文件夹结构

小结

设计流程分为纸面原型设计、流程图绘制、线框图设计、效果图设计四个主要步骤。设计流程的完善可以更好地提高 APP 产出的效率与质量。而项目管理可以借助很多工具来帮助小团队高效管理进度。自我管理主要分为时间管理、目标管理、知识管理、情绪管理、文件管理，良好的自我管理可以有效提升工作效率。在了解了大致的设计流程之后，便可以开始着手落地交互原型的设计了。

作业

梳理出自己选择要打造的 APP 的设计流程。

参考文献

- iOS 官方设计规范
- Android 官方设计规范
- 微信公众平台样式库

推荐书单

- 项目管理类——《项目管理知识体系指南》(PMBOK 指南)(第 5 版) 作者：项目管理协会，出版社：电子工业出版社（2013 年 5 月）
- 设计规范与流程—《体验·度—简单可依赖的用户体验》，作者：百度用户体验部，出版社：清华大学出版社（2014 年 10 月）
- 《破茧成蝶——用户体验设计师的成长之路》，作者：刘津 李月，出版社：人民邮电出版社（2014 年 7 月）

第三篇

交互设计

像是被施了魔法，我们每天都和手机黏在一起，玩弄着里面千式百样的 APP，有时候我们会兴奋得像一个小孩子，有时候又被弄得哭笑不得。为什么我们会有这些情绪？因为，每个 APP 中都有关注人们使用情绪和体验的魔法棒——交互设计。对于很多学生或者刚从业的人来说，交互设计还是一个模糊的概念。本课通过穿插大量的案例来讲述交互设计、用户体验的概念，以及交互设计师在参与一个项目时必要的流程，以帮助理清思路并做一些专业指引。

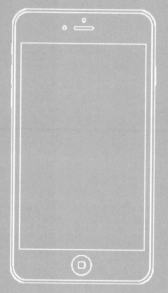

Chapter 3
交 互 设 计

第 5 章　交互设计和用户体验
　　5.1　交互设计的基本概念　　　　　　　　　　　　　　078
　　5.2　用户体验　　　　　　　　　　　　　　　　　　　081
　　5.3　交互设计的基本流程　　　　　　　　　　　　　　085

05 交互设计和用户体验

本章目标

1. 理解交互和交互设计的定义
2. 了解什么是用户体验设计和用户体验设计师
3. 熟悉交互设计的基本流程
4. 参与到交互设计的整个流程中,实践流程中的每个环节

关 键 词

交互设计　用户体验　需求分析　信息架构　流程图

原型设计　以用户为中心

5.1 交互设计的基本概念

5.1.1 无处不在的交互

汤圆第一次来到深圳坐地铁，找不到地铁站便问路人，根据路人的指引和路标，好不容易看到了地铁站出入口的标志。因为没有地铁票，只好去自动售票机上去买票，屏幕上显示了密密麻麻的线路图，汤圆操作了好半天才买好一张票，一波三折终于坐上地铁。

所有人都拥有交互的能力，我们每一天都在不断地与周围的人、产品、环境产生互动。走路问路、识别路标和地铁站标志、操作售票机、取一张地铁票，这一连串的行为，不管是语言的沟通，还是非语言的信息交流，都是人在环境中想要完成某个目的而产生的行为与反馈，交互渗透在我们日常生活的各个方面，它无处不在。

随着互联网、大数据时代的到来，很多人都把交互聚焦于人与界面的互动上。实际上，两个或两个以上的活动参与者之间的信息交流，人与人、人与环境、人与产品、人与机器之间的信息交流，都可以称之为交互。交互无处不在，如图 5-1 所示。

图 5-1　交互无处不在 (图片来源于网络)

5.1.2 交互设计的起源和定义

交互设计起源于计算机的人机界面设计，最初计算机的设计，帮助人们做一些最基本的数据计算。人们很难理解并需要花很长的时间学习，所以过去的计算机一直由少数专业技术人员进行操控如图 5-2 所示。随着计算机的普及，为了适应更多人的思维和使用习惯，让计算机的使用更容易、更人性化，界面设计和交互方式受到了重视。交互设计便因此成为了一个被关注的话题。

图 5-2　复杂的计算机（图片来源于网络）

狭义的交互设计理解主要是指与手机或计算机相关的设计。例如，人在用某个苹果手机应用时，界面的跳转、信息的呈现、手势的设计等，如图 5-3 所示。实际上，交互设计不只是设计生活中的某一个过程，也不只是关注软件界面设计和网页设计。交互设计的思想、原则和方法贯穿在整个工业设计过程中，它逐渐发展成为一种理念，是一种将信息和通信技术结合的新艺术媒介。例如，人脸识别、语音输入、扫描物体等交互技术在电子产品上的设计运用，如图 5-4 所示。

交互设计属于设计学发展中的一个分支，是多个学科的交叉。倡导以人为中心，把人的行为作为设计对象，需要了解人的心理和行为习惯，同时在平衡经济和技术的基础上，提供新颖的生活样式和好的体验。交互设计涉及的学科如图 5-5 所示。

图 5-3　iPhone 界面设计（图片来自于网络）

图 5-4　人脸识别（左）与语音输入（右）

图 5-5　交互设计涉及的学科

5.2 用户体验

5.2.1 用户体验设计

交互设计作为一门关注交互体验的新学科，这里不得不谈到非常重要的用户体验。

用户体验指人在使用某个产品时的主观感受。用户体验设计 (User Experience Design, UED) 就是解决人们的某个实际问题，提升用户在使用某个产品或享受某个服务时的体验而做的设计。

例如，宜家商场设计了具有导视标志的指路牌、样板间家居产品的搭配和摆放、没有推销员的营销方式、餐厅流程的服务设计、广告等，如图 5-6 所示。这些设计首先解决人们在购物时不会在商场迷路的问题，其次是通过环境布置引导消费、帮助快速找到或使用商品，以及贴心地解决了购物狂在购物过程中吃饭的问题，整个过程都是站在用户的角度去考虑的，是典型的用户体验设计。

图 5-6　宜家服务系统设计

相比传统的有形的产品，无形的软件产品的用户体验设计更是备受关注。这是为什么呢？人们使用一个闹钟，判断体验的好坏，取决于有没有"闹醒"这个基本功能，关掉闹钟的开关隐藏在看不见的地方，虽然会成为体验差的一个影响因素，但是用户学会后就不会有其他问题了。而无形的软件产品，使用产品的感受时时刻刻来自于用户和人机界面的交互过程，人们在使用网站时都是蜻蜓点水式的操作，一个功能如果隐藏得太深，用户在找到这个功能之前可能就已经离开了，网站的口碑，消费的转化等，就会因为这个小小的功能受到影响，这时候的体验问题自然而然就得到了升级，甚至影响到一个软件公司的存亡。

5.2.2 交互设计师的那点事

有用户体验设计，就有用户体验设计师。在国内，用户体验设计师一般包含用户研究员、交互设计师、视觉设计师这三个职位。用户研究员的职责是了解人的特征、性格、喜好，以便提供更好的服务。视觉设计师就是做好面子功夫，负责好看，吸引人的眼球。那么交互设计师是做什么的呢？

经常有人问我从事什么工作，回答"我是交互设计师"，之后就没有之后了，因为他们的表情看上去是一头雾水。产品经理负责了某个项目或APP，视觉设计师做了某张图，程序员写了某段代码，交互设计师呢？

很多人使用APP、网站、ATM等产品时会吐槽，怎么用呀？找不到按钮！我又做错了什么？没有反馈！为什么这么多步骤？好吧，交互设计师就是来解决这些问题的，负责让产品更易用、好用、帮助用户更快地获取信息并完成任务。如果还能给点小惊喜让体验加分，这是最好的。

交互设计师几乎每天都是在沟通中度过的，而这也恰好是交互设计师核心价值所在，不仅仅是起到商业目标与用户体验之间的平衡作用，同时也是起到不同部门之间沟通的桥梁作用。这就是交互设计的反复出稿、评审的日子，如图5-7所示。

同时，交互设计师工作中的挑战也是非常之多。

产品经理说：我想要做一个跟XX差不多的功能，你开始做吧。在需求没有阐述清楚的情况下，项目启动了。在项目开发到一半，又插入几个需求分配到同一个设计师来负责,导致无法将一个项目跟踪到底,而能力不足的设计师又经常返工。项目将要开发完成,老板突然拍板,这个功能没有实际的价值,优先把这个 XX 处理了。到了交互还原阶段,又发现开发人员没有按照设计稿来做……

图 5-7　交互设计师的一天

这些都是需要去克服的,工作中只有不断地思考和总结,才能达到高效率的协作,即使它们是令人头疼的麻烦事。

5.2.3　身边的奇妙体验

这个案例来自国外:针对厕所尿液溅出的现象,如图 5-8 所示。常见的做法是在便池房贴一个小提示,但效果并不好。为什么苍蝇图案的效果这么好?因为它抓住了用户把苍蝇冲下便池的心理和行为习惯,同时又充满了趣味。这种趣味性的设计不仅解决了问题,而且让人觉得欣喜,更容易被吸引,可以为设计加分,让用户产生难以忘怀的奇妙体验。

图 5-8 便池上的苍蝇

你有没有遇到过这种情况，在手机屏幕上输入字母，受界面尺寸的限制，对自己总是输错字母感到暴躁，但又无能为力。而苹果键盘的设计，在字母多、有限的区域内，采取选择性动态放大的交互方式，这不仅减小了输入错误的概率、提高了识别正确率和使用效率，还改变了人们在使用虚拟键盘时的情绪，例如图 5-9 中呈现的虚拟键盘的体验。

图 5-9 虚拟键盘的体验

随着数字产品的普及，新鲜的体验和交互方式越来越丰富，用手机控制家电，用眼睛控制游戏开关，例如最近，VR 头戴式设备给我们带来了新的交互体验，让体验者置身于这些计算机屏幕上才有的虚拟世界之中。逼真的画面和声音，带我们去到另一个全新现实世界，另一个时代，HTC Vive 头戴式设备如图 5-10 所示。这些新的体验，使得我们的生活也具有无限可能。

> **互动：** 和周围的读者分享你遇到的奇葩体验。

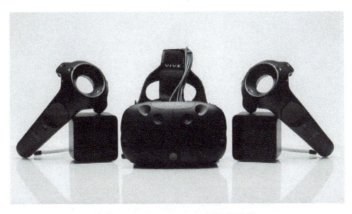

图 5-10　HTC Vive 头戴式设备

5.3　交互设计的基本流程

5.3.1　交互五要素

　　介绍完与交互相关的基本概念，接下来的章节会完整地阐述交互设计思考和工作的流程，帮助完成一个 APP 的设计。在进入流程之前有必要通过一个故事，先了解交互设计的五个要素。

　　Amber 是一个设计师，热爱观察生活和思考，脑子里会经常冒出一些好的想法和点子，她想要把这些灵感都记下来，可是随身携带本子和笔让她觉得很麻烦，在地铁、街上、商场等人群嘈杂的环境里，从包包里翻找出笔来不是容易的事情。于是他就在手机上下载了锤子笔记，只要一有想法，点击添加就能马上输入想法，随时打开 APP，都能一目了然地看到自己有哪些记录，有时候还会兴奋地将好的点子分享给身边的朋友或同事。

- 人——Amber，想要记录灵感的设计师，有需求的人称之为用户。

- 目的——想要随时随地、快捷方便地把好的灵感记录下来，这是目的。
- 环境——任何环境，尤其是地铁、街上、商场等嘈杂的环境。
- 媒介——手机，用户使用的设备称之为媒介。
- 行为——输入自己的想法，查看记录、分享给朋友，用户的具体操作就是行为。

这就是交互设计的五个要素，如图5-11所示，它们贯穿整个设计流程，能够帮助你在设计中做一些场景思考，判断设计结果是否有遗漏或者有效。

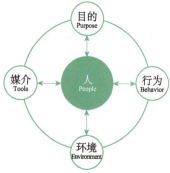

图 5-11 交互设计五要素

5.3.2 交互设计师如何参与一个项目

互联网公司在快速迭代的过程中，会不断地有各种需求要被满足，来自于用户的反馈、运营的需求、或者老板的决策。

交互设计师接到一个项目或者需求后，他们的工作流程基本是按照图5-12所示来完成的：需求分析、信息架构设计、流程图设计、原型设计、最终进入产品的可用性测试。

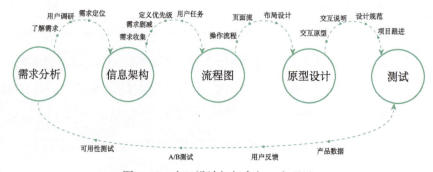

图 5-12 交互设计如何参与一个项目

以设计师 Amber 想要随时随地记录灵感的案例为出发点，我们一起来做一款

APP 便签，看看交互设计师是如何参与整个项目的吧。

设计师接到活儿后，首先的做法是，和产品经理一起做需求分析，明确产品的定位：了解做一个什么样的产品——什么样的便签？目标用户是谁—谁在什么场景用？要达到什么目的——用来干什么？具体有哪些功能、内容—怎么用？

确定以上需求定位的方法和工具有：用户调研、竞品分析，头脑风暴（示例如图 5-13 所示）、绘制故事版、人物建模、产品数据等。在前面的用户研究和竞品分析的章节中，我们已经了解到如何确定并判断一个项目或者需求是否靠谱，在这个章节就不做赘述。

互动：以便签为主题进行头脑风暴。

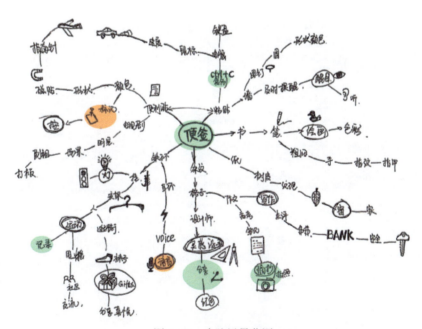

图 5-13　头脑风暴草图

从诸多研究方法和数据中，我们得出"便签"这个产品简单明确的定位：热爱思考的设计师，需要随时随地、快捷地记录想法，喜欢通过分享让同事或好友看到自己的灵感。具体见图 5-14。

接下来，设计师们在草图上梳理信息架构（架构草图如图 5-15 所示），用户操作流程，设计界面，确认没有问题后再用专业的软件工具把设计方案呈现出来。

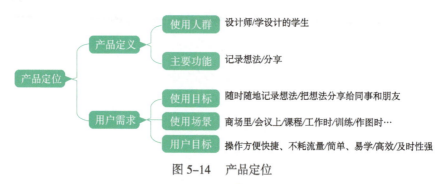

图 5-14　产品定位

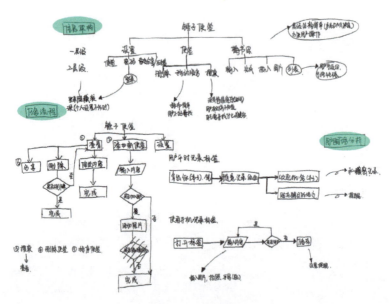

图 5-15　架构草图

5.3.3　需求分析要考虑的因素

前期需求分析阶段，我们需要从目标用户收集海量的需求。在采集需求的过程中，不可避免地要同时考虑商业价值和用户需求，以及项目的目标，如图 5-16 所示。

在产品设计的整个过程中，要充分考虑商业需求和用户体验的平衡。一个让用户满意，愿意使用的产品，才能获得更多的商业价值。只有商业价值提升了，企业才能花费更多的时间和精力在提升用户体验上。因此，产品、设计师、开发人员配合地去平衡三者之间的关系，确定产品的定位，才能实现项目的最终目的。

图 5-16　需求收集需要考虑的因素

需求的删减是需求分析中很有必要的一个步骤。它是设计师们综合考虑各种因素得出的取舍。

首先，要筛选掉明显不合理的需求，比如在计算机上输入文字便签，通过扫描或者网址，同步到手机 APP。这种实现流程复杂，在产品前期明显意义不大，投入成本高，产出却比较低的功能，需要被删减。其次要从现象看到本质，挖掘用户的真实需求。用户更关注自己记录的便签，而不是分享或查看他人的便签内容。还有的功能不适合在初期版本实现，比如，可更换标签的颜色，设置闹铃，做个性化或增值服务的功能，在初期用户量不大的情况下，考虑在产品迭代成熟后去补充，如图 5-17 所示。

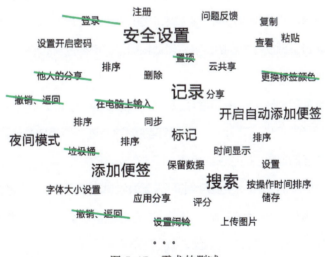

图 5-17　需求的删减

5.3.4 如何组织需求

完成了第一步的需求分析和了解后,很多设计师就直接进入界面的设计阶段,到最后发现得不偿失,要重新开始。在需求和界面之间,隔着一扇门:我们无法确定应该提供哪些必要的信息给用户,便签功能的层级是怎样的,应该如何分类,怎样帮助用户快速地找到他们需要的信息,等等。信息架构这个环节起到打开这扇门的主导作用。

定义产品需求的优先级是根据产品定位,分析目标用户的真实需求,结合实际的使用场景,将删减后的需求提炼并按重要程度区分归纳出来的,如图5-18所示。

图 5-18 定义信息优先级

通过前期需求解析及交互五要素的分析方法,设计师在使用记录工具时,添加、查看和删除是他们高频操作的功能,也是产品定位的核心功能,也就意味着这三个功能的优先级最高,在界面的呈现中要放在突出显眼的页面位置。

标记、分享和排序是用户的次要需求,是围绕便签的核心功能而进行的拓展,它们方便记录者去做便签内容的分享,帮助快捷找到想要查看的便签,或者做相应的标记提示等。

特殊化场景和个性化场景的功能则是优先级最低的,字体大小、夜间模式的设置都是用户低频的操作,可以被隐藏在界面的某个角落,因为即使没有这些功能,设计师们一样能记录自己的想法或灵感。

通过理清信息优先级,信息架构的层级就非常容易设计了。国内通常用来制作信息架构的工具有 Xmind、Visio、PPT,它们非常容易上手,也不需要花太多时间。例如,锤子便签的信息架构如图 5-19 所示。

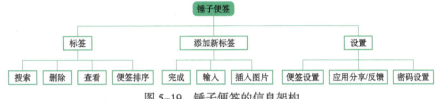

图 5-19 锤子便签的信息架构

在设计信息架构的时候，应注意信息层级的深度和广度要均衡，信息结构太深意味着功能隐藏得很深，难以被用户找到，退回到主流程需要多步骤操作。结构广度太大则是在同一个层级给用户提供了很多选择，无形中增加了操作的认知和成本。

5.3.5 什么是流程图

在确定了产品的信息架构之后，我们要确定用户任务，以及用户如何完成操作。完成任务方法即是我们所说的流程，任务流程是根据用户实际操作的心理和行为来确定的。当我们分析清楚了用户的行为习惯，操作习惯后，在制定用户操作流程的时候就游刃有余了。举个小例子，人在使用纸质便签的流程分三步：

- 首先拿出一张纸和一支笔；
- 在纸上记录自己的想法等；
- 收起纸，放在醒目的地方以方便查看。

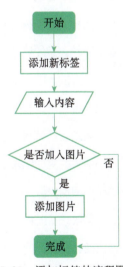

人在实际使用便签的过程中只需三步即可完成，一般情况下使用手机便签需要与实际的操作步骤吻合。这样的流程设计可以更好地符合用户的心理预期和习惯，减少他们在使用的过程中的认知负担，简单易学的工具可以让用户拥有良好体验。添加标签的流程图如图 5-20 所示。

通过流程图，我们可以理清用户的每一步

图 5-20 添加标签的流程图

操作，页面的设计就是根据用户操作流程中的行为，进行可视化设计，也就是接下来会讲到的原型设计，通过什么操作进了什么页面及页面如何返回和跳转。

5.3.6 原型设计及设计原则

确认功能和逻辑后，可以用设计草图来帮助自己思考，完善功能设计。相比原型图和线框图来说，草图更为自由，它不限制你的表达，让你完全聚焦在你要思考的问题上。原型设计，是交互设计师的重要产物之一，也是项目团队参考和评估的重要依据。除了原型图以外的产出还有交互说明、交互文档、设计规范等。

初期，便签的信息结构和操作流程都相对简单，迭代中增加的每一个功能都会导致结构的调整，这些结构在原型图的呈现上至关重要，否则要推翻重来。

根据上一节所设计的用户操作流程，来进行界面布局和跳转设计。便签列表和搜索放在首屏页面，这样便于快捷查看、删除，添加便签也是一个高频的操作，布局在标题栏的右上角。快捷功能的独立展示，不仅不会受到其他信息和功能的干扰，还利于培养记录者的习惯。点击添加按钮之后，跳转到全新的内容页面，为了帮助用户减少操作步骤，进行快捷地输入，数字键盘可以直接被唤起。

在输入完记录内容之后，点击完成按钮，键盘被收起，方便记录者阅读自己输入的内容，而不被键盘挡住。同时完成按钮变成分享的按钮，以满足用户向朋友分享的需求。添加笔记和分享如图 5-21 所示。

原型设计中，在考虑基本的信息布局和页面跳转时，要时刻站在用户的角度和使用场景思考方案的可行性，牢记四点最核心的原则：清晰、高效、一致、美观。

清晰就是消灭歧义，帮助使用者更准确地理解和使用产品。例如锤子便签中，添加图片、完成编辑、分享以及返回功能的图标，都能很好地表达各自的含义，帮助用户识别功能。

高效是从流程的顺畅性、智能化以及功能逻辑的优化上，让人们使用得更加轻松快捷。例如，便签的添加按钮，置于标题栏的右上角，方便了用户的操作就是顺应了高效这一原则。

第 5 章 交互设计和用户体验

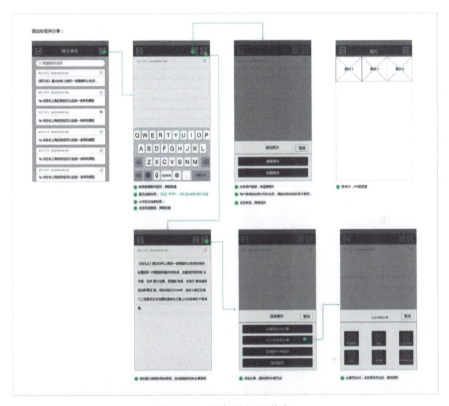

图 5-21 添加笔记和分享

一致是对于相同的问题，提供相同的解决方案，减轻用户的认知及记忆负荷，使界面操作方式更符合直觉。例如，锤子便签中弹框的一致性，培养了用户的操作习惯。

美观则表现在细心打磨界面外观，让人们感到我们的产品值得他花费时间与精力去使用。

最后，将确认好的原型转交给视觉设计师，将原型图进行视觉呈现。实现过程中难免会有需要调整的地方，因此产品需求的测试工作要贯穿在整个设计研发流程中，特别是开发完成之后，要对产品的细节进行严格的把关，才能交给用户去使用。

制作原型最常用的工具有 Axure RP、Sketch、Balsamiq Mockups 等。Axure RP 是一个专业的快速创建原型设计的工具，绘制线框图、流程图、原型和规格说明文档，应用于移动应用软件和 Web 网站设计。Sketch 是一款轻量、易用的矢量设计工具，可帮助简单、高效的制作原型，非常适合现在扁平化的设计。Balsamiq Mockups 是一种快速建立原型的软件，可以作为与用户交互的界面草图工具。制作原型常用工具如图 5-22 所示。

图 5-22　原型工具

小结

交互设计是一种方法论，可以运用在生活与设计的方方面面。

用户体验指人在使用某个产品时的主观感受。用户体验设计是解决人们的某个实际问题，提升用户在使用某个产品或享受某个服务时的体验而做的设计。

交互设计的基本流程：需求收集和分析→需求删减与组织→定义优先级→信息架构设计→流程设计→原型设计。在需求分析的过程中，要综合考虑商业、项目、用户这三个因素，根据不同的产品阶段，进行不同的需求收集和采纳。在用户流程设计和原型设计中，要始终以人为本，考虑用户的使用场景和他们所关注的信息，要时刻关注用户的操作习惯和心理，及操作应用时的体验。

作业

1. 找一个便签类产品，尝试着分析它的产品需求和产品定位。分析方法有：竞品分析、场景分析、头脑风暴、海量需求的收集、需求的删减和优先级定义。

2. 根据需求分析，进行合理的信息架构设计，深入理解产品的框架和逻辑。

3. 结合交互设计五要素和产品定位，绘制核心任务的操作流程图。

4. 绘制原型图，并进行相应的交互说明。

推荐书单

［1］设计心理学，［美］唐纳德·诺曼，中信出版社，2010.3

［2］交互设计精髓3,［美］Alan Cooper，Robert Reimann，David Cronin，电子工业出版社，2012.3

［3］破茧成蝶，刘津，北京，人民邮电出版社，2014.7

［4］简约至上，罗仕鉴，朱上上，机械工业出版社，2010.3

［5］情感化设计，［美］Donald A. Norman，电子工业出版社，2005.5

［6］交互设计指南，Dan Saffer，机械工业出版社，2010.7

［7］Don't Make Me Think，［美］史蒂夫·克鲁克，2006.8

［8］洞悉用户：用户研究方法与应用，胡飞，2010.8

［9］设计师要懂心理学，［美］Susan Weinschenk，人民邮电出版社，2013.5

［10］天才在左，疯子在右，高铭，武汉大学出版社，2010.2

［11］心理学与生活，［美］理查德·格里格、菲利普·津巴多，人民邮电出版社,2003.10

参考文献

［1］交互设计. 李世国. 北京，电子工业出版社，2009年5月

［2］交互设计精髓3.［美］Alan Cooper ,Robert Reimann，David Cronin，电子工业出版社，2012.

［3］基于目标导向的移动App交互设计浅谈. 宣恒，高红霞，李世国.，大众文艺，2014.9，1007-5828，67-68

[4] 人人都是产品经理. 苏杰., 电子工业出版社，2011.

[5] 破茧成蝶. 刘津., 人民邮电出版社，2014

[6] 设计之下. 搜狐新闻客户端 UED., 电子工业出版社，2014.

[7] 用户体验与产品创新设计. 罗仕鉴，朱上上., 机械工业出版社，2010.

[8] 简约至上. 罗仕鉴，朱上上., 机械工业出版社，2010.

第四篇

视觉设计

芹菜在下班坐地铁回家的途中从包里拿出手机，解锁手机，找到 WPS 的 APP 应用并点击进入，接着点击《一个 APP 的诞生》视觉设计篇 Word 文档进行撰写。

从上面这个场景来看，每一个动作都伴随着一次交互，而每一次交互都有一个受众体。拿出的包和手机，触摸的手机屏幕，点击和撰写的界面，都是交互的承载物。其中的界面与本篇密不可分。不管触屏后映入眼帘的图形界面，还是 WPS 应用的启动 icon，或者编写文章的界面都与视觉设计息息相关。在视觉设计篇中将围绕一个 APP 的界面设计如何落地；目前以及未来的设计趋势是什么样的；APP 界面中的图标元素如何提升；以及完成设计稿之后怎样进行资源管理等方面的知识进行讲解。让大家了解如何从视觉的角度来呈现一个 APP 的颜值。

Chapter 4
视觉设计

第 6 章　UI 设计
6.1　UI 设计概述　　　　　　　　　　　　100
6.2　扁平化设计手册　　　　　　　　　　111
6.3　UI 设计趋势　　　　　　　　　　　　128

第 7 章　图标品质提升
7.1　素描色彩基础　　　　　　　　　　　140
7.2　一个像素也是事儿　　　　　　　　　147
7.3　国际化的图标设计　　　　　　　　　151

第 8 章　界面细节提升
8.1　栅格系统　　　　　　　　　　　　　158
8.2　UI 还原与跟进　　　　　　　　　　　161
8.3　资源规范　　　　　　　　　　　　　162

06 UI设计

本章目标

1. 了解 UI 设计与 UI 设计给 APP 应用带来的影响
2. 熟悉 UI 设计制作流程，以及制作过程中需要注意的要素
3. 熟知扁平化设计与扁平化设计的一些技巧
4. 对未来的设计趋势有一定的了解

关 键 词

UI 设计　　UI 设计师　　情绪板　　拟物化设计

扁平化设计　　伪扁平化设计　　VR

6.1 UI 设计概述

6.1.1 UI 设计的定义

在国内，UI 还是一个相对陌生的词，即便是一些设计人员对这个词也不太了解。我们经常看到一些招聘信息写着：招聘界面美工、界面美术设计师等。而且国内各院校也没有设立相对健全的 UI 设计专业，所以，UI 还是披着一层神秘的外衣，不被大众所认知。

UI 是 User Interface 的简称，也可以称之为"用户界面"。比如手机、计算机、电视或者穿戴设备上的界面，都属于用户界面，是 UI 设计的范畴。我们通过这些界面对其发出指令，而这些设备也会根据指令产生相应的反馈。对这些界面进行 UI 设计的人员称为 UI 设计师。在 UI 设计师领域，有从事 PC 端的网页设计，称为 WUI 设计师或者网页设计师；也有从事移动端的图形用户界面设计，称为 GUI 设计师。在很多公司中，这两种不同职能的工作可能划分得不那么细致，同一个设计人员既要设计 WUI，也要设计 GUI，因此，慢慢地把从事界面设计的人员统称为 UI 设计师。

> **名词解释**
>
> 用户界面：系统和用户之间进行交互和信息交换的媒介，它实现信息的内部形式与人类可以接受形式之间的转换。
>
> 网页设计：网页设计是根据企业希望向浏览者传递的信息（包括产品、服务、理念、文化），进行网站功能策划，然后进行的页面设计美化工作。
>
> WUI：Web User Interface 的简称，网页风格用户界面。
>
> GUI：Graphics User Interface 的简称，图形用户界面。

随着"工业 4.0"时代的到来，"UI"热也随之进入中国，各种 UI 设计培训机构、UI 设计交流平台、UI 设计书籍等接踵而至，UI 设计的资源环境将会越来越成熟。UI 设计的大时代即将来临。

> **名词解释**
>
> 工业 4.0：第四次工业是指利用物联信息系统革命的简称，(Cyber—Physical—System 简称 CPS) 将生产中的供应、制造、销售信息数据化、智慧化，最后达到快速、有效、个人化的产品供应。

6.1.2 UI 皮肤

我们几乎人手一部手机甚至更多，在我们使用手机时，有一件我们经常会做的事情——设置桌面背景，专业一点叫主题美化。有的人喜欢用自己或者情侣的照片做背景，有的人喜欢用网络图片做背景，也有在专业设计的主题里选择其中一种风格做背景。而这种背景我们也可以称之为手机界面的皮肤。

目前为止，互联网上没有对皮肤做出一个精确的解释。皮肤这个词很容易理解，人类就有黄、白、黑三种皮肤。现在把 UI 后面加上皮肤两字，我理解为用户界面的衣服。比如 APP 应用的界面，UI 设计师给它穿上不同的衣服，APP 应用就呈现不一样的气质。

图 6-1 所示的是腾讯 QQ 手机应用的不同皮肤设计，蓝色的叫长草颜文字，墨绿色的叫诡家寻踪，灰色的叫墨白，粉红的奇迹暖暖。每个皮肤拥有自己的名字，小小的细节，带给用户不一样的感动和惊喜，完美地增加了产品的美誉度，也为增加用户黏度加分。

那么为什么要为 APP 设计精美的皮肤，让界面"穿上衣服"呢？其主要原因是：

- 增加与同类产品的竞争力；
- 深度打磨产品；
- 配合用户越来越高的体验需求；
- 提升用户审美，引导用户审美趋向；

- 彰显用户个性。

图 6-1　QQV6.3.1.2735 Android 版皮肤

从上面几点可以明确 UI 皮肤对一个 APP 应用是不可或缺的一部分。然而，UI 皮肤又是多样化的，可以是不同色彩的变化，也可以是不同机理的表达，还可以是不同文化的体现。不同的界面风格，传递的信息和情感是不一样的。这里介绍几种常见的风格类型。

> **互动：**说一说你知道哪些不同类型的皮肤。

1. 欧美简洁

9GAG（一个 APP 的名称）的界面，不论是用色，还是界面元素与布局，都非常简洁、精致，属于典型的欧美简洁风格，如图 6-2 所示。

2. 女性风格

女性经常会跟粉色系列联系起来，例如粉红、粉黄、粉绿，这种粉嫩的颜色最能展现女性的柔美，如图 6-3 所示。

3. 可爱型

可爱型界面在游戏上运用得最广。这种清爽风格，男女老少皆宜，所以很合适游戏界面，如图 6-4 所示。

第 6 章　UI 设计

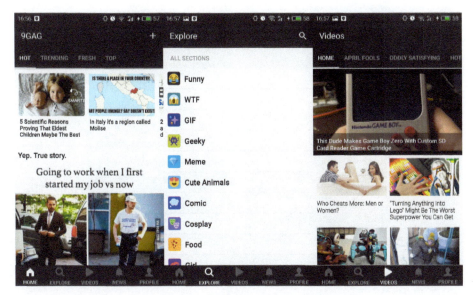

图 6-2　9GAG2.20.2Android 版

粉粉日记 4.20 Android 版　　蘑菇街 v8.0.1.1250 Android 版　　新氧美容 v6.3.6 Android 版

图 6-3　几种女性风格的 Android 版

图 6-4　天天爱消除 1.0.31.0 Android 版

4. 酷炫质感

这是一种拟物化的皮肤。界面比较精致细腻，且界面内容与皮肤表达很容易达成完全统一。例如独立防线，这是一款 Fps（First-person shooting game，是一种射击类游戏）类型的游戏应用，界面采用深蓝色与发光的形式打造一种热武器酷炫的风格，如图 6-5 所示。

图 6-5　独立防线 1.12.1.682 Android 版

5. 主题故事

有的 APP 会将界面做成插画讲故事的风格，这样的界面故事连贯性很强，不过只适用于类似九宫格的平级界面，目前还没有开拓出其他优势，如图 6-6 所示。

图 6-6　小时光 ver5.2.1 Android 版

6. 节日运营

这个不用说大家也是知道的。过春节的时候有春节皮肤，情人节有情人节皮肤，植树节也有相应的皮肤。但凡是个节日，都可以为其更换皮肤，增加气氛。大部分产品只是简单地替换闪屏，并不改动其他界面，这种方式比较节省人力、物力，APP 内又做了相应的铺垫。如果想要更好地烘托节日氛围，那么整体地更换 APP 的皮肤会是更好的选择。示例如图 6-7 所示。

除了以上介绍的几种风格外，还有功能型（夜间模式/护眼模式）、拟物、3D（趋势）等风格。

| 洋码头 | 支付宝 |

图 6-7　洋码头和支付宝的皮肤设计

6.1.3　从无到有的 UI 设计

前面我们了解了 UI 设计和 UI 皮肤，接着就可以大刀阔斧地进行一个 APP 的 UI 设计。一个 APP 经过前面的产品需求挖掘、用户研究、交互环节，移交到视觉设计，这时 UI 设计师如何开始 UI 设计呢？下面以淳艺东方 APP 为例，具体地叙述如何将一个 APP 的界面用视觉语言呈现给用户。

> **名词解释**
>
> 视觉设计：针对人眼视觉进行设计的工作，人眼通过视觉来接受绝大多数的信息，视觉设计就是通过一定的设计规划，再运用视觉的方式表达某些信息。

开始设计前先了解一下 UI 设计的流程，如图 6-8 所示。

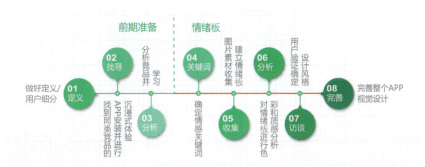

图 6-8　UI 设计流程图

在 UI 设计流程图中把 UI 设计流程分为前期准备和情绪板两个阶段。这里的前期准备主要的目的是了解产品的需求，以及同类产品，做到知己知彼，以至于在情绪板设计中不跑偏。真正的重头戏还是情绪板环节，这才是最终让 UI 设计确认并落地的环节。

1. 做用户定义

淳艺东方是一个舞蹈培训机构，致力于让零基础的学员晋升为一名合格专业的舞者。那么它的用户应该是舞蹈的爱好者，如何定义用户这里就不细说了（*详情见前期探索第二章用户研究 2.1 为哪类人群而设计*）。

2. 找到同类竞品的 APP 安装并进行沉浸式体验

站在巨人的肩膀上必然进步得更快，看得更远。同类的成熟的 APP 可以让设计者更快地知道自己要什么样的设计，以及在功能点上理解更透彻。我们可以根据淳艺东方定位同类竞品 APP：舞蹈、运动、健身、瑜伽等与舞蹈、健身或者形体相关的。最便捷的是在应用商店里搜索下载量比较多的 APP 作为竞品来体验。淳艺东方竞品 APP 如图 6-9 所示。

3. 分析竞品并学习

在做视觉竞品分析时最好能够做到详细分析配色、细节可参考点、创意可参考点等（具体的方法见前期探索第一章竞品分析）。几种竞品示例如图 6-10 所示。

图 6-9 淳艺东方竞品 APP

恰恰广场舞 2.0.7 Android 版　　糖豆广场舞 4.1.7 Android 版　　每日瑜伽 6.2.4 Android 版

全城热练 3.0.2 Android 版　　keep v2.13.0 Android 版

图 6-10　几种竞品示例

前期准备工作都完成之后，就可以进入情绪板环节，开始着手淳艺东方 APP 的 UI 设计。

4. 确定情感关键词

情感关键词，就是淳艺东方 APP 的视觉所要表达的情感感受，这是从 0 到 1 做视觉设计的第一步。接着拉上项目相关人员一起来讨论 APP 的「情感关键词」是什么。在讨论中大家可能会根据主观意识提出很多的情感关键词，我们把这些关键词先记在黑板或者纸上，然后对众多关键词归纳、筛选，去掉优先级低的，合并情感重复的，最后确认了 APP 的情感关键词是：柔美、韵律、神秘、古老，如图 6-11 所示。

图 6-11　情感关键词

5. 图片素材收集

虽然情感关键词确定了，但这时还不能着手设计。因为大家对同一情感可能会有不同的认知，比如你认为的韵律是音乐歌声，而我认为的韵律是波浪动感，这就会导致后续视觉设计在颜色偏好上会有争议。所以这时必须要靠情绪板，把每个人对情感的抽象理解具象成实际可定义的元素。情绪板如图 6-12 所示。

通过关键词提炼，建立具象图库（包含具体的实物、场景）和抽象图库（包含色彩、质感等元素），从具象维度来获取风格感受，抽象维度得到设计元素。

图 6-12 情绪板

6. 对情绪板进行色彩和质感分析

图片上出现的颜色、元素和感觉，接下来做视觉设计的时候可以用到。通过关键词和图片素材的分析，最后可以得出几个颜色：粉色、绿色、紫色、红色。那么 UI 设计师就可以根据这几个颜色各设计一套淳艺东方首页的概念设计图。

7. 用户访谈

接下来我们需要对几套首页设计图进行用户访谈（详情见前期探索第二章用户研究 2.2 用户研究的美 -persona），经过用户验证后目标就更明确了，结合之前一步步推演最后确定了紫色版本作为整个 APP 最终的设计风格，如图 6-13 所示（在光碟中的视觉设计篇第 6 章 6.1UI 设计中可以找到淳艺东方 APP 源文件进行学习）。

确定风格后 UI 设计师可以根据这个方向去完善细节输出，真实的定稿还需要考量很多因素。比如 UI 风格整体把控、排版布局、图标的细节等，UI 风格把控又是这些因素最重要的一部分。整体风格如果不一致，会给用户带来一种疑惑：我是否还在这个 APP 内？

图 6-13　淳艺东方界面设计 v1.0

下一个小节我们将主要介绍现在主流的设计风格——扁平化设计。

6.2　扁平化设计手册

扁平化已经走入大众生活中，它被应用在标志、平面、工业产品、界面等众多设计中，同样也影响着大众的审美习惯，成为目前的主流设计风潮。

那么什么是扁平化设计？

扁平化设计最核心的地方就是摒弃一切装饰效果，诸如阴影、透视、纹理、渐变等能做出透视感效果的元素，通过抽象、简化、符号化的设计元素来表现。在界面设计中，极简抽象、矩形色块、大字体等设计技巧，让界面干净整齐并使用起来更加高效，以及简单直接地将信息和事物的工作方式展示出来，减少认知障碍的产生。

说到扁平化设计又不得不说说扁平化的三种设计语言：微软的 Modern UI、谷歌的 Material Design、苹果的 iOS7。

1. Modern UI

Modern UI 设计语言是扁平化设计先驱，深受到包豪斯运动的影响，也深受地铁交通标志中字体和图标的影响。在界面中减少了繁杂元素，将内容放在了第一位。

网格线对齐、字体、留白、动态磁贴构成了整个界面。微软试图打造一种愉悦、沉浸式的全屏幕视觉体验，主攻触摸屏幕。Modern UI 界面风格如图 6-14 所示。

图 6-14　Modern UI 界面风格

2. Material Design

Material Design 最显著的特点是清爽的留白、简明扼要的 Roboto 字体，整体布局干净利落；文本信息根据重要性的不同来设置尺寸和颜色；标题通常都很大，颜色很深；用色以及图标设计都颇具扁平色彩。这种设计风格虽然也被认为是扁平化设计，但是依然保留了精致的渐变和阴影元素（目的是避免卡片堆叠时，卡片和卡片之间的识别度不够）。Material Design 界面风格如图 6-15 所示。

图 6-15　Material Design 界面风格

3. iOS7

iOS7 借鉴了微软以及谷歌的设计语言，使用了更简单的图标，更清爽的字体，以及整体的扁平化生态系统，就连游戏中心这种以拟物味浓厚而著称的应用也采用了扁平化风格。iOS7 中，苹果抛出了磨砂玻璃的概念，纤细的字体（Helvetica Neue Light）、现代感的外观，整体界面的感觉更加轻盈、更加顺畅，让整个界面中充满了扁平化和色彩元素。iOS7 界面风格如图 6-16 所示。

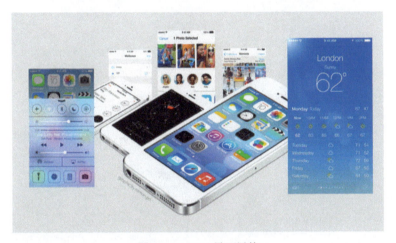

图 6-16　iOS7 界面风格

整体来看，扁平化设计正在朝"更流畅、更简约"的方向进行设计转变。无论功能大于形式，还是形式大于功能，用户才是决定性因素。

既然扁平化设计前进的方向势不可挡，那扁平化设计又怎么实现怎么应用呢？换一句话就是扁平化设计有什么捷径可走呢？

6.2.1　拒绝特效

扁平化设计仅仅采用二维元素。所有元素都不加修饰——阴影、斜面、突起、渐变等会带来深度变化的设计元素。从图片框到按钮，再到导航栏都干脆有力，需要极力避免羽化、阴影这样的特效。这样的视觉效果让元素之间有着清晰的层次和布局，增强了主要视觉元素的支配性，让用户能直观地了解每个元素的作用以及交互方式。拟物与扁平图片对比如图 6-17 所示。从简约到更简约如图 6-18 所示。

图 6-17　拟物与扁平图片对比（dribble）

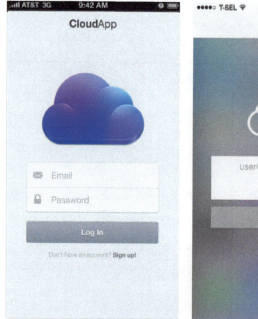
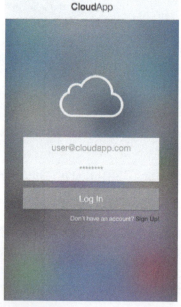

图 6-18　从简约到更简约

6.2.2　界面元素

扁平化设计采用许多简单的用户界面元素，诸如去掉可有可无的辅助线、区块分割线、把按钮做成框的感觉、简单的形状或者图标之类，如图 6-19 所示。

第 6 章　UI 设计

图 6-19　界面元素

圆形是最容易让人觉得舒服的形状，在 APP 界面中，增加一些圆润的形状点缀，立刻就能增加界面活泼的气息，徒增好感。最典型的就是 iPhone 的拨号数字键盘，如图 6-20 所示。一开始都是矩形设计，到 iOS7 均变成了圆形。当然，也要处理圆形的实际点击区域，不能因为设计成圆形点击区域就变小了，导致点击准确率下降，不能因为美观度的提升而影响易用性。

图 6-20　iPhone 的拨号数字键盘

界面元素在保持可用性的前提下尽可能的简单，保证应用直观、易用，无须引导。同时，方便用户点击，这能极大地减少用户学习新交互方式的成本，因为用户凭常识就能大概知道每个按钮的作用。

6.2.3 优化排版

由于扁平化设计使用特别简单的元素，排版就成了很重要的一环，排版的目的在于帮助用户理解设计。因此，排版好坏直接影响视觉效果，甚至可能间接影响用户体验。

图 6-21　字体排版

字体是排版中很重要的一部分，它需要和其他元素相辅相成，字体的大小、粗细应该与整体设计相匹配，如图 6-21 所示。如何使用字体也是一门学问，要学会让不同的字体表达不同的概念，通过字体告诉用户某个设计／功能的含义，努力使字体成为简化设计的有力武器。

1. 无衬线字体

字体选择上可以使用简单的无衬线字体，通过字体大小和比重来区分元素。由于无衬线字体字迹均匀，使用时值得注意的是：粗的字体会粗狂霸气，透露出一种力量感；细的字体比较精致细腻，让内容瞬间提升气质，如图 6-22 所示。

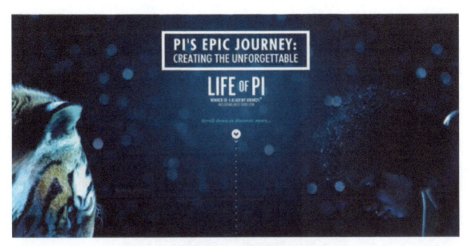

图 6-22　无衬线字体

2. 鲜艳多彩与反白

在色彩鲜艳的情况下，一定要确保字体笔画的清晰度。在使用较细字体时，投影出来可能看不清楚，使得用户的注意力分散或者失去耐心。因此，建议使用较粗的无衬线字体以及字体反白的处理方式，如图 6-23 所示。

图 6-23　鲜艳多彩与反白

3. 字体种类

由于简洁是最大的设计特性，因此字体系列的使用也要控制数量，一般最好使用两种字体。字体的种类使用太多，会让界面花而混乱，如图 6-24 所示。

互动： 分组讨论你见过的那些优秀的中文字体排版。

相信中文字体让很多 UI 设计师都觉得头痛，因为同样的排版、同样的背景，很多时候放英文看起来很舒服，那是因为英文的结构简洁而且可塑性很强，但是中文放上去就没有那么好的效果。关于中文的排版可以更多地参考日本的设计，因为日文和中文在文字结构大小疏密度等方面，有很多相似的地方，如图6-25所示。

图 6-24　字体种类

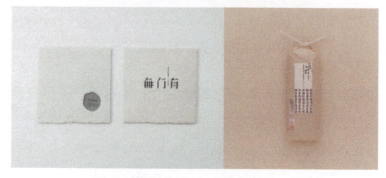

图 6-25　日本字体排版

6.2.4 巧用色彩

在扁平化设计中，色彩运用得是否到位，无疑是设计风格中很重要的一个环节。颜色的明暗，色彩的醒目程度，配色方案是单调还是多彩，这都非常值得探究。扁平化设计时一般综合运用多种配色手法来创造一种优秀的视觉体验。扁平化设计并不局限于某种色彩基调，它可以使用任何色彩。

1. 大胆鲜艳的颜色

醒目明亮的颜色能够增加视觉元素的趣味性，看起来很有国际范儿。鲜亮的色彩为扁平化设计创造出一种与众不同的感觉。因为它在亮背景和暗背景下都能获得很好的对比度，以吸引用户的注意。多采用鲜亮的，饱和度高的色彩，偶尔也会使用灰色或黑色，如图 6-26 所示。

图 6-26　大胆使用鲜艳的颜色

2. 单色调（同类色）

"单色调"就是界面仅用一个主色调，通过明度的不同来表达界面层次、重要信息，并呈现出良好的视觉效果。随着 iOS7 的发布，越来越多的单色风格的设计，采用简单的色阶变化，搭配灰色来展现信息层次。蓝色和绿色是比较受 UI 设计师青睐的单色调。明度变化的单色调界面设计如图 6-27 所示。

图 6-27　明度变化的单色调界面设计

3. 复古色

复古色主要以鲜亮颜色为基础，降低饱和度和亮度，营造一种复古的基调。一般用在主色和辅色上，给人带来一种很舒缓、柔和的感觉，如图 6-28 所示。

图 6-28　复古色设计

4. 多彩

多彩风格与单色调正好形成对比的关系，多彩风格的引领者其实就是 Matrial Design。它主要是确立一种主色，再选 4 到 5 种颜色来做辅助色，如图 6-29 所示；这些颜色多采用撞色的方式来进行不同页面、信息块的设计，从而让界面整体更有层次感和有序感。

图 6-29　多彩的设计

其他比较受欢迎的一些颜色有：绿色、蓝色、裸色、粉色、杏色、灰色、紫色等，如图 6-30 所示。

蓝色/绿色

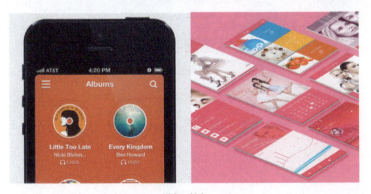

裸色/粉色

杏色

灰色

紫色

图 6-30 其他颜色的设计

6.2.5 极简主义

首先我们来看看做简化和提取的一个典型例子，如图 6-31 所示。

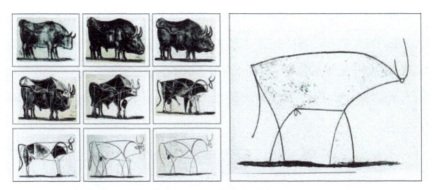

图 6-31　毕加索画的牛

　　一头牛从最初的写实到最后仅仅只用几根线条来表示，整个简化的过程也经历了好几个步骤，UI 设计师要尽量简化自己的设计方案，避免不必要的元素出现在设计中。懂得巧妙的取舍，用极简的要素，在没有更多特效装饰的情况下表达清楚内容，在界线与轮廓的高对比下，表现出物体的美感，如图 6-32 所示。

图 6-32　极简的界面设计

　　扁平化设计追求的是一切极其的简洁、简单，反对使用复杂的、不明确的元素。在设计扁平化风格界面时，特别是在图标的设计时，应该遵循极简原则。那么，扁平化设计中图标如何提炼呢？

我们在机场、地铁以及公众场所看到的标志，无须他人进一步解释，就能理解所代表的意思。这跟扁平化的设计思维不谋而合——确保每款图标简约、高效地传达其含义。在一定程度上图标的设计可以运用传统标志的思维方法去提炼。如图6-33所示中的分享图标，蜘蛛虽然脚比较多，但如果用于分享图标让用户很难理解其中含义。

图6-33 分享图标

另一个方向扁平化图标的设计趋势与传统的象形图也有异曲同工之处。象形图简单、易于理解、具备用户引导功能，如图6-34所示。

图6-34 象形图

更多的时候 UI 设计师会从标题或者正文中的某些名称中提炼图标。另外，在互联网发展到现今大家十分成熟的大环境中，在网络中就可以获取到设计中所需要的大部分图标，如图 6-35 所示。这里推荐几个图标网站，扫一扫图 6-36 所示的二维码即可打开图标网站免费下载你需要的图标。

图 6-35　图标

图 6-36　网站二维码

简化图标和提取元素确实不是一朝一夕的事，对 UI 设计师的要求也非常高。建议可以看看传统绘画、白描和传统的剪纸艺术，以及传统纹样。古今中外的很多艺术表现和扁平化设计都有异曲同工之妙。

6.2.6　大图的运用

用通栏的图片作为背景，或者作为整个 APP 的背景，又或者作为内容区域的背景，既能提升视觉表现力度，又丰富了 APP 的情感化设计元素，如图 6-37 所示。一张好看的图片能吸引用户注意力和点击的欲望，然后配上一些信息或操作悬浮在图片上，瞬间设计感倍增。不过，这种方法，对字体和排版的设计要求颇高，难度也很大，处理好了却是极容易渲染出气氛。

图 6-37　大图的运用

1. 大面积的图片

界面中整页是一张大图或者图片占据界面中的大部分面积的展现形式，文字和按钮悬浮在大图之上，带给用户强烈的视觉冲击力和点击欲望，如图 6-38 所示。

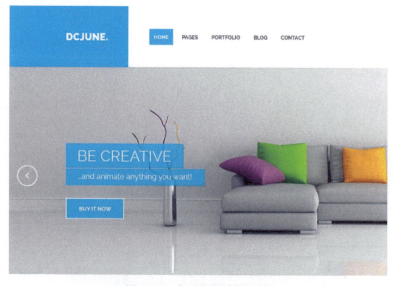

图 6-38　大面积图片的运用

2. 半透明的图片

图片半透明的效果是使用率颇高的一种大图形式。iOS7 在很多地方都用了这种设计方式。使用这种设计方式最大的好处就是创造对比，可以让 UI 设计师通过色块，图片上的大字体或者多种颜色层次来创造视觉震撼力，如图 6-39 所示。

图 6-39　半透明背景图

3. 方块图片

这种图片的展现方式最典型的是 Modern UI，使用同类或相似色系的色块，配合带文字的色块为对应的图片做解释，如图 6-40 所示。

图 6-40　方块设计图

另外还有一种设计称为伪扁平化设计。这种设计值得关注，一些 UI 设计师把某一项特效融入整体的扁平化之中，使其成为一种独特的效果。比如说，在简单的按钮增加一点点渐变或阴影，从而使这种风格成为其特色，产生出一种扁平化设计的变种。这种设计要比单纯的扁平化更具有适用性和灵活性。

许多 UI 设计师比较喜欢这种设计，因为这意味着他们可以加点阴影或透视在某些元素上。用户可能也会喜欢这种稍微圆滑一点的设计方式，这能引导他们进行一些适当的交互，如图 6-41 所示。

图 6-41　伪扁平化设计界面

在设计 APP 界面时应该去除任何无关元素，尽可能地使用简单的颜色与文本。简约设计可以增强界面设计的易用性，可以让用户不必关心那些无关紧要的信息。因此你的界面应该是这样的：它的功能可以很强大，但是设计很简约。拥挤的界面，不管功能多么的强大，用户需求多么的强烈，都会吓跑用户。

6.3　UI 设计趋势

扁平化的出现，伴随着拟物化设计的没落，软件和 APP 的界面设计风格发生了迅速变化。目前扁平化设计已然成为主流设计，那么是如何发展至此的，以及对整个界面设计领域又有何影响？今后的设计又将是什么样的？

6.3.1 拟物化设计

拟物化设计这一名词是相对扁平化设计而言的，拟物化设计其实就是模拟真实物体的材质、质感、细节、光亮等来设计的一种语言。通常，这需要设计的应用看起来像它们在真实世界中的质感，比如像电子合成器软件，做得像键盘的质感。这种界面的设计方式，在 iOS7 发布之前的大部分时间里占据了主导的地位，如图 6-42 所示。

图 6-42 拟物化设计

关于拟物化设计最常被引用的例子是苹果公司 iOS6 系统的设计风格。例如，iBooks 应用程序看起来像一个真实的书架——即有关一个书架的视觉线索（木质纹理、阴影和纵深感等等）被使用在了应用程序的用户界面里，如图 6-43 所示。

图 6-43　最典型拟物化设计

6.3.2　从拟物到朴实

拟物与朴实的对比如图 6-44 所示。为什么大众从喜爱带纹理、有透视和阴影的设计转变为喜爱扁平色彩和极简图形的设计呢？当然导致这一转变有很多因素，但是以下一些因素更为突出。

> **互动：** 探讨一下拟物化与扁平化的设计有哪些不同。

1. 信息过载

随着世界联系越来越紧密，我们不断地接受大量信息，一些信息是重要的、相关的，但大部分则不是。我们不断地评估其价值，过滤无用信息，或创建新的内容，所有这些都使我们精疲力竭。还有，大部分内容消费已转移到小屏幕设备，更是加剧了超负荷现象。这样我们就很容易就淹没在信息中，砍掉用户界面的繁杂元素才是视觉设计的王道。

图 6-44 拟物与朴实的对比

2. 简约就是金科玉律

同样有个趋势就是，颠覆性的应用和服务正提供高度专用化的工具，只设计少数功能。虽然传统软件开发员倾向于为产品加载过多功能，以期获得高价定位；但目前变化趋势专注于微应用，偏爱功能简洁。简单的应用意味着有简单的界面，如图 6-45 所示。

3. 以内容为核心

当新设备和新技术涌入市场时，我们常常会热衷于它们能做什么，怎样去操作它们。但这种狂热之后又回归专注于内容，不论文字、音乐还是视频、录音等我们设备上最常用的活动，在你乐享其中时，肯定不希望被无关的界面元素打扰。一个真正有价值的 APP，一定是靠内容取胜的，因为与内容相比，所有的设计、包装都不外乎是一种表现手法。例如，QQ 音乐如图 6-46 所示。

从拟物到扁平的一个变化，对于一个 APP 的界面设计来说，大大地提升了出图的效率，所以不管用户或者其他角色的工作岗位如何看待这一变化，作为 UI 设计师或者期待进入 UI 设计行业的爱好者应该拥抱这一革命性的设计。

一个APP的诞生——从零开始设计你的手机应用

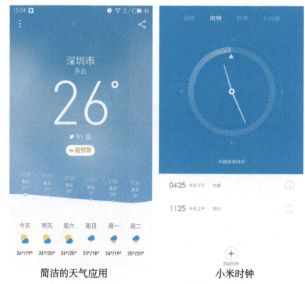

简洁的天气应用　　　　　　　　　　小米时钟

图 6-45　简洁的天气应用与小米时钟

图 6-46　QQ 音乐

6.3.3 未来设计的趋势

移动互联网是如今人们讨论最火热的话题，各个行业的商家为赚取更多利润，开始进行各种移动 APP 应用的设计开发。在这样的时代背景下，对于 UI 设计师来说既是一个机会，也是一个挑战。那么界面的设计又将会有什么样的发展趋势呢？

> **名词解释**
>
> 响应式：一个网站能够兼容多个终端，而不是为每个终端做一个特定的版本。这个概念是为解决移动互联网浏览而诞生的。

1. 响应式在继续

在过去的几年里，响应设计快速巩固了自己作为界面设计的新标准。当然，也有争论，但是没人说"让我们摆脱响应式设计吧"。实际上，越来越多的界面选择响应式的方向。这已经不是种趋势，而是常态了，如图 6-47 所示。

图 6-47　响应式界面

> **互动：** 说说你对 VR 的理解及 VR 今后是怎样的趋势。

2. 幽灵按钮

幽灵按钮凭借简洁时髦，以及微妙的动画招人喜欢。幽灵按钮将继续，特别是在大背景和背景视频上更适用，如图 6-48 所示。

> **名词解释**
>
> 幽灵按钮：有着最简单的扁平外形——正方形、矩形、圆形、菱形——没有填充色，只有一条淡淡的轮廓。除了外框和文字，它完完全全透明的。

魔漫相机 Version3.1.1Android 版　　　掌阅 iReader5.2.0Android 版

图 6-48　幽灵按钮

3. 更强调字体

传统的一些字体价格昂贵，意味着界面中字体的排版需要更多的预算。如今，这种情况在改变，UI 设计师只要更少的预算甚至免费（如 Google Fonts）的字体集就能在界面上自由设计。字体突出的内容设计如图 6-49 所示。

图 6-49　字体突出的内容设计

4. 更大的图片——视频背景

一个让界面脱颖而出的简单方式是突出关键的内容,这种趋势需要以美妙的方式来完成,2015 年开始越来越多的视频背景出现在界面设计中,如图 6-50 所示,给界面带来新颖的气息,让界面更加优雅有力量,而非只是噱头。

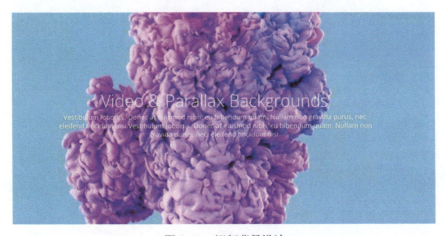

图 6-50　视频背景设计

5. 卡片式设计继续

卡片式设计,不算新颖,却是响应式网页设计的最佳实践。卡片式设计很好的一个方式是模块化,重新编排栏目也不会草率或紊乱。总之,卡片设计干净简单,具备多功能性。正是时代的需求,你将能看到更多卡片式风格设计,如图 6-51 所示。

一个APP的诞生——从零开始设计你的手机应用

> **名词解释**
>
> 卡片：交互信息的承载体，通常以矩形的方式呈现。就像信用卡或者棒球卡，网页卡片以一个浓缩的形式提供了快速并且相关的信息。

6. 扁平化继续

扁平化设计在 iOS7 发布后势头迅猛，这种趋势仍在持续。然而，对于扁平化而言或许只是个概念，也许是 Material Design 崛起。Material Design 界面风格如图 6-52 所示。

pinterest 5.12.1 Android 版　　　天　猫 v5.17.1 Android 版　　　花瓣 2.1.3Android 版

图 6-51　卡片式设计

图 6-52　Material Design 界面风格

7. VR 的设计工具将开始出现

随着 Oculus Rift 的正式发布，VR 进入了商用化的元年。VR 带来的身临其境感显然会带来新的信息展现和交互方式，这些都不是目前的平面设计软件所能满足的，但目前 VR 还没有除了与代码相关的其他设计方式，这种状态可能很快就会有所改变。VR 设备如图 6-53 所示。

> **名词解释**
>
> VR：Virtual Reality，即虚拟现实，简称 VR。它利用计算机生成一种模拟环境，是一种多源信息融合的交互式三维动态视景和实体行为的系统仿真，使用户沉浸到该环境中。

图 6-53　VR 设备

同样，拟物化设计也不会默默无闻，增强现实设备和虚拟现实设备会是拟物化设计最好的舞台，互联网将会从此真正变成第二次元，如图 6-54 所示。

图 6-54　设备与虚拟现实

小结

手机已经在慢慢地变成我们身体外的一个"器官",也有很大一部分人离开手机就会感到焦躁不安。因此,人们在离不开手机的同时也为 UI 设计行业创造了巨大的需求。但我们在做界面设计时,一定要把控好界面整体风格的统一;同时,也要遵循当前设计的潮流趋势,运用流行的设计元素来组建 APP 的界面设计。这样的界面设计才更符合大众审美,从而提高用户的满意度。

作为一名已经学会如何做 APP 应用界面的你,如果对界面中图标设计的品质甚是不解,那么赶快加快学习的脚步开启下一章关于图标的学习吧!

作业

1. 用情绪板的方法设计你的便签 APP 的界面。
2. 为你的便签 APP 设计一套拟物化和扁平化的 LOGO。

07 图标品质提升

本章目标

1. 明确图标在 APP 界面设计中的重要性
2. 学会如何用绘画的基础技能提升图标的品质
3. 熟知让图标每一像素完美呈现的技能
4. 了解扁平化设计中的那些优秀的图标设计技巧

关 键 词

图标　　素描　　色彩　　构图　　像素眼　　动效

长投影

一个APP的界面中，势必离不开图标，就如鱼离不开水一样。因为，用户在进入一个APP时，必须有一个入口，其实就是一扇可以让用户进去的门。而一个APP的LOGO就充当了这扇门，让用户可以点击进入。对于一个追求完美的APP，界面中的图标更是它的灵魂所在，即所谓的"点睛"之处。想一想，用户要在大堆的网站中寻找自己想要的特定内容的APP时，一个能让他轻易看出它所代表的APP的类型和内容的图标会有多重要。

先来看看图标的定义：图标是具有明确指代含义的计算机图形。其中桌面图标是软件标志，界面中的图标是功能标志。它源自于生活中的各种图形标志，是计算机应用图形化的重要组成部分。

7.1 素描色彩基础

虽然在UI设计中，我们经常用文字去表达操作按钮，但是配上图标做辅助，可以让用户简单明了地使用，更加简单好用。随着扁平化设计的流行和智能手机的大爆炸，使得很多非设计行业的人员涌入这个行业，他们认为一个APP的设计很简单，根据交互稿填填色就可以了，至于UI设计师该具备的其他素质都不重要了。虽然扁平化从一定程度上降低了设计门槛，但是可以用一个段子来解说"台风来了猪也能飞，这是趋势；台风走了，鹰依旧可以翱翔，这是实力……"

想要成为设计行业达人，那么设计的基本功力素描色彩基础一定是不可或缺的，它们关系到在界面设计中大的黑白灰关系是否处理得当，颜色的运用是否协调。在图标的设计中更是尤其重要，具备良好设计基础的UI设计师设计的图标在光影、构图、色彩、造型等方面的处理上有明显的优势，图标的质量也是神形兼备，如图7-1所示。

第 7 章 图标品质提升

图 7-1 高品质图标

7.1.1 素描的价值

简单来说：素描是指以单色的线条或调子在某种平面（如：纸、布、板等）上塑造物象的形体、结构、动态、神情、明暗及空间关系的绘画形式。

素描能让我们正确地认识和表现客观世界中的物象，素描基础练习就是告诉你怎样准确地抓住对象的特征和形体结构关系，并加以正确表现的方法。同时，素描是艺术家造型艺术的基本功之一，尤其是绘画的基础，同时也是一种独立的绘画式样。

在素描中物体的明暗关系是非常重要的，我们可以观察一下自己的周围，就会看到任何物体都呈现不同程度的明暗，这种明暗现象是怎样形成的呢？再比如，我们想象夜里我们走进屋子，什么也看不见，开灯后，一切都显现了，我们会看到物体的大小、形状、明暗、色彩，这就说明了明暗现象的形成是光源作用的结果。

根据光照射在物体上的明暗关系及其变化，我们用三大面、五大调来概括，那么由此就引申出下面的内容，就是素描的三大面五大调，如图 7-2 所示。

三大面：亮面、灰面、暗面；

五大调：亮面、灰面、明暗交界线、反光部和投影。

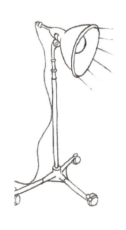  

图 7-2　三大面五大调

构图是在素描中除了表象明暗关系的三大面、五大调以外的另一个重要的点。而构图就是将要描绘的或一个、或两个或者是一组物体合适地安排在画面上，在视觉上给人以非常舒适的美感。

互动： 用手机拍摄你身边的任意事物，看看图中的构图是否合理。

构图太满会给人以透不过气来的感觉，太小会给人以空灵之感。构图时也要注意物体的聚与散，假如是四件物体可三件聚在一起，另一件可适当分开，不要均匀摆放，以防画面构图呆板。素描中的构图以使人看起来感到舒服、美观为原则，达到这个目的，构图就是成功的。素描表达的图标如图 7-3 所示。

图 7-3　素描表达的图标

构图时应注意以下几点：

- 构图不能太小（会让人觉得画面显得不够饱满、小气）；
- 构图时应注意重心的平衡；
- 构图不能太偏（太偏会让人有一边重的感觉，造成构图不稳）；
- 构图应注意透视的变化及比例关系。

素描中还有透视这一重要元素，透视是把几何透视运用到绘画艺术表现之中，是科学与艺术相结合的技法。它主要借助于近大远小的透视现象表现物体的立体感。素描透视主要有平行透视和成角透视之分，如图7-4所示。

平行透视

成角透视

图 7-4 平行透视和成角透视

想要打好素描基础是一个日积月累的过程，并非一蹴而成的。

7.1.2 色彩的魅力

"光彩夺目"，光是色彩产生的基础，没有光也就没有了色彩，物体本身并不具备色彩，是因为吸收并反射了不同波长的可见光才呈现出不同的颜色。

我们在观察色彩时把客观物体的颜色称为彩色实体，而把看到这些事物后感觉到的色彩称为色彩感觉。色彩具有不可思议的魔力，会给人的感觉带来巨大的影响，同时色彩具有"时间""重量""冷暖""距离""味觉"等神奇的魔力。

1. 色彩的冷暖

物体通过表面色彩可以给人们或温暖或寒冷或凉爽的感觉（感官）。例如，一个 icon 色彩的冷暖如图 7-5 所示。

图 7-5 一个 icon 色彩的冷暖　　　　图 7-6 9GAG icon 色彩的重量

2. 色彩的轻重感觉

各种色彩给人的轻重感不同，我们从色彩得到的重量感，是质感与色感的复合感觉。例如，9GAG icon 色彩的重量如图 7-6 所示。

3. 色彩的前进性与后退性

一般而言，暖色比冷色更富有前进的特性。两色之间，亮度偏高的色彩呈前进性，饱和度偏高的色彩也呈前进性。但是色彩的前进与后退不能一概而论，色彩的前进、后退与背景色密切相关。色彩的前进与后退如图 7-7 所示。

图 7-7 色彩的前进与后退

如果图标中的色彩感觉运用得当，那么图标也同样可以具备"时间""重量""冷暖""距离""味觉"等神奇的魔力。

素描有构成，色彩也是有构成的。色彩的构成形式主要有以下几种：

- 均衡

均衡的概念表现在色彩造型方面，是指将各种配置的要素（色彩面积的分布、色的强弱和轻重）在视觉上产生一种稳定的构图形式，如图 7-8 所示。

图 7-8　色彩构成——均衡

图 7-9　WPS icon 色彩构成——强调

- 强调

色彩是为了强调画面的效果，弥补整体画面的贫乏单调感。在色彩搭配中，以适当的比例关系合理利用色彩的明暗、大小、软硬、冷暖、鲜浊等对比，都能够凸显所要表达的主题，以达到画龙点睛的效果，从而构成整体中的强调，如图 7-9 所示。

- 节奏

节奏具有时间的因素。在不具有时间过程的配色中，通过色相、明度、纯度三属性的变化而造成的强弱、轻重、冷暖、软硬等不同质的因素相互组合，或局部的某种间隔搭配，使之产生某种方向性的移动、反复变化，视觉上会感觉到动的连续和相互关联的韵律，使单调的色彩活泼化，如图 7-10 所示。

- 主从

对比色即异质色彩的对立，但并非各不相干，这种对比关系中有时一方占优势，起支配作用，即为主色。主色一般用在重要的主体部分，配以对比的鲜艳色，形成画面的高潮，以增强画面的感染力。而另一方处于从属地位，称为从色（辅色、宾色），从属主色，如图 7-11 所示。

图 7-10　色彩构成——节奏　　图 7-11　QQ 音乐 icon 色彩构成——主从

- 呼应

呼应是配色平衡的桥梁和手段，任何色块在布局时都不应孤立出现。它需要同种或同类色块在上下、前后、左右诸方面彼此互相照应，以保持画面的色彩平衡。同时，还能够起到调节和满足视觉神经的适应作用，如图 7-12 所示。

- 层次

色彩的前进、后退感觉影响着色彩的层次变化。暖色、纯色、亮色、大面积色一般具有前进感；冷色、含灰色、暗色、小面积色具有后退感。但这仅是一般的概念，而更多的时候，色彩的层次受色彩的明度对比和纯度变化的影响，如图 7-13 所示。

图 7-12　美颜相机 icon 色彩构成——呼应　　图 7-13　色彩构成——层次

- 点缀

点缀是指小面积重点部位的配色，是面积对比的一种形式。点缀色具有醒目、活跃的特点，应十分慎重、珍惜地将最鲜明、最生动的色彩用到最关键的地方，让点缀色起到"画龙点睛"的作用，如图 7-14 所示。

图 7-14　色彩构成——点缀

图 7-15　色彩构成——衬托

- 衬托

色彩的衬托是指图色与底色（或背景色）的映衬关系。衬托依赖于面积对比，产生明暗、冷暖、灰艳、繁简衬托，如图 7-15 所示。

从素描与色彩的特点和构成上不难看出 UI 设计师具备这些基本的艺术功底，在 APP 界面设计中加以运用，给界面的加分是非常可观的。图标作为界面中十分重要的元素之一，跟这些艺术基础的关系又是多么得密不可分。

7.2　一个像素也是事儿

像素的符号 px，是做设计的手艺人都特别熟悉的一个符号，在业界也有一个词"像素眼"（一个像素的细微差别都能用肉眼挖掘出来），可见像素在界面设计中的作用是多么的重要。而图标的精细度也是影响界面质量的一个因素，因此，图标像素要精准到每一个像素。

图 7-16 中可以看到右边的 Home 图标的边缘是虚的，这是因为 Home 图标的边缘没有与像素的边缘对齐，造成图形的不清晰。

细微像素的不同，最终图标的视觉呈现的完美度完全不一样，如图 7-17 所示。由此可见，每一个像素的精准在图标中的作用有多大。

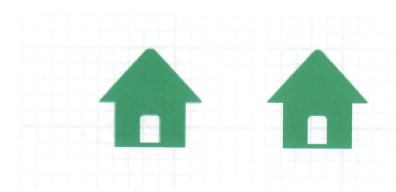

图 7-16 虚实对比

图 7-17 细微像素的对比

很多 UI 设计师在使用 PS 设计过程中绘制的图标虽然是矢量的，但还是会有许多虚边，在放大、缩小、旋转后虚边变得更严重了；或者是在 AI 里绘制的精美矢量图标粘到 PS 里就变虚了，辛苦设计的作品就这样变"糊了"，这是 UI 设计师双眼所不允许的，让每一个像素都清晰可辨是 UI 设计师们在设计中的追求。

7.2.1 旋转像素的完美

在使用自由变换工具时，把旋转的中心点挪到左上角（或其他任意一个顶角）就能确保它会落在某个像素的边界上，这样便能保证每次旋转后的结果都是完美的。因此，旋转时需要在选择自由变换工具后在参考点设置按钮上点击任意顶角再进行旋转。旋转技巧如图 7-18 所示。

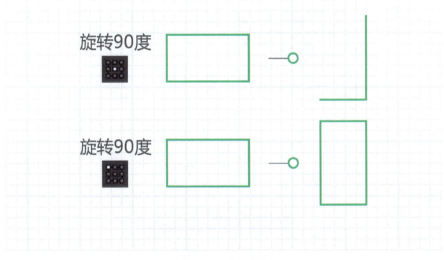

图 7-18　旋转技巧

如果进行的操作是旋转并缩放图形，最好是先进行旋转后确定，再进行缩放操作。不要连续操作完再确定，这样得到的结果会比较清晰。

7.2.2　边缘像素的完美

PS 绘制图标时，常常会用到 [矩形工具]，这样就能得到矢量的形状图层。其好处自然是无论放大还是缩小时都能保持矢量属性。在绘制过程中有时候会出现虚边，不放大可能还不很明显，但如果绘制很小像素的图标时，就会很明显了，如图 7-19 所示。

勾选 [对齐边缘] 选项，如图 7-20 所示。当我们再绘制同样的矩形时，放大视图后再看边缘就清晰可辨了。因为屏幕显示的图像是由无数个像素组成的，也就是说像素是图形的最小单位，通常在绘制的图形不是整数像素时，比如宽是 20.5 像素，那 0.5 的像素小于 1 像素，PS 就会以虚边显示。当勾选 [对齐像素] 选项后，我们绘制的宽、高将都是整数了。

图 7-19 边缘虚化

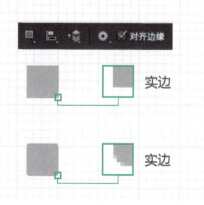

图 7-20 边缘清晰

7.2.3 AI 到 PS 的粘贴完美

设计师很多时候都会使用 AI 去绘制图标，而界面设计时用的又是 PS，这时候就需要把 AI 里的图标粘贴到 PS 内，这一粘贴操作就可能会出现虚边。出现虚边的原因可能是因为在 AI 里新建文件时没有选中 [对齐像素网格] 选项，也可能是在 PS 内粘贴时没有绘制图标大小一致的选区，如图 7-21 所示。

那么为了得到完美的图标，首先要在 AI 里选择 [对齐像素网格] 选项后的图标进行复制，然后到 PS 中建一个与图标大小相同的选区，再粘进来就好了，粘贴

时最好选择 [形状图层]，这样以后的可编辑性会比较强。

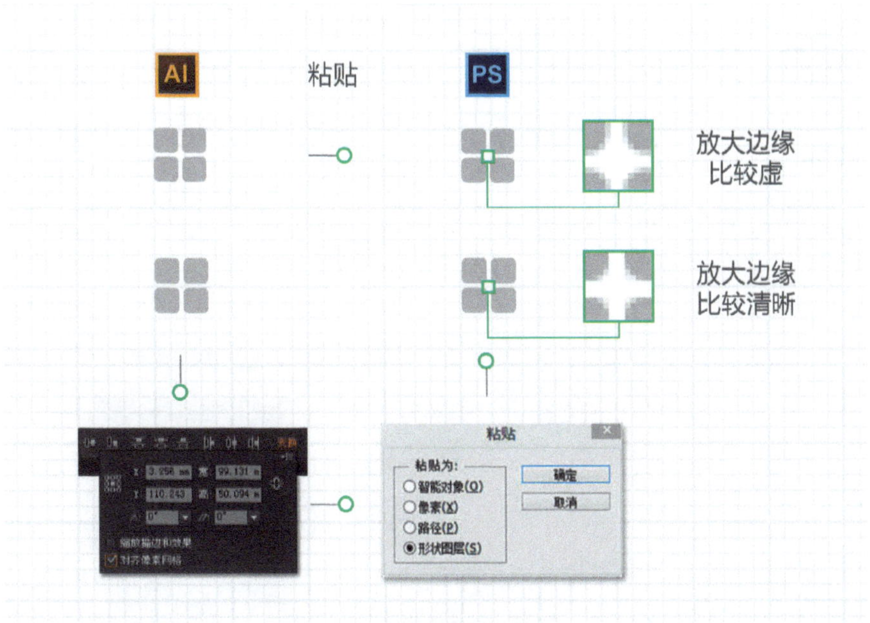

图 7-21 粘贴虚边

记住： 无论在界面设计中还是图标设计，你才是掌控者。对像素发号施令让它们整齐就列的人是你。要拒绝像素的不完美。

7.3 国际化的图标设计

我们常常看到某某明星参加巴黎时尚周、某某美剧在热播等，这些都是国际化的范畴。那么国际化的图标设计是什么样的呢？我认为在形态上要像厕所标志一样，不论哪个国家的人看到这两个图标都知道哪个是男厕所、哪个是女厕所；在表现形式上要符合全球时代潮流设计趋势。

UI 设计师如何知道当前的潮流设计是什么呢？通常可以去参加一些国际化的设计沙龙、浏览设计类书籍、逛设计平台。如图 7-22 所示，Dribble 是一个国际化设计类的交流网站。在上面聚集了世界各地优秀的设计师和他们的设计作品，根

据 Dribble 上的最近一个周期内的作品，可以看出当前的设计趋势是怎样的。

目前在 Dribble 上最新的作品，不论是广告、插画、界面设计或者图标，大部分是运用扁平化设计语言来表达的。可见，扁平化设计是大势所趋、潮流所在。

其实，我们在 APP 应用中常常可以看到各式各样的纯扁平化的图标，然而随着设计的发展，慢慢的纯扁平化的图标已经无法满足 UI 设计师对图标极致的追求，这时无数的 UI 设计师试图在扁平化设计中加入一点精致的效果，打破常规，加入装饰，为图标进行美化。在维持扁平化设计的基础上，一点一点地增加图标的细节和耐看度。

图 7-22　Dribble 官网首页

7.3.1　立体感

扁平化也可以有细节、色块间以及带阴影效果的变化呈现出凹凸感，给图标增加一种层次感，呈现出一种立体感的视觉盛宴，如图 7-23 所示。

图 7-23　立体感图标

- 带有阴影的立体图标（见图 7-24）

图 7-24　有阴影的图标

- 带斜面的立体感图标（见图 7-25）

图 7-25　斜面立体图标

7.3.2　光感，长投影

长投影图标主要是延伸投影，一般都是 45°角，投影一般为物体的 2.5 倍大，给图标加入了一种深度。阴影也是扁平的，无渐变、明暗和衰退。这种让图标主题物更突出的表现手法一出现就获得 UI 设计师的青睐，如图 7-26 所示。

图 7-26 长投影图标

7.3.3 动感

为了追求更好的用户体验,交互动效崛起了,动感图标也应运而生。动感的图标模拟现实物体的运动轨迹进行简单的还原,比静态图标更能表达其当前的含义。如图 7-27 所示,当时钟在转动时,画面下方的图标(汉堡/饮料等)也有一个相应的动态表现(在光碟中可查看该图片的动态效果),饮料也能看上去像是在杯子里晃动。

图 7-27 图标动感设计

> **互动：** 你见过哪些 APP 里运用动感图标，以及动感图标在 APP 中起到什么样的作用。

7.3.4 质感

没错就是质感，这里的质感跟拟物化中的质感并没有本质上的区别，都是参照真实物体的质感用设计手法来表现。但是这里的质感是与"平"的物体相关联的，比如图 7-28 所示十字绣风格的图标，既有真实的质感，又符合扁平化设计风格。

图 7-28　十字绣风格的图标

7.3.5　3D 扁平化设计

大部分人可能认为扁平化设计仅仅是二维的，但是 UI 设计师通过奇思妙想之后将扁平化的图标设计成三维的。虽然设计成三维，但依然遵循了一些扁平化设计的原则，如图 7-29 所示。

图 7-29　三维的图标

想要做好扁平化风格的图标，并不是简单地与拟物设计相背离地去掉各种修饰效果，需要 UI 设计师更多地去观察、提炼。可以从古今中外的各种艺术表现形式上找到共同点并加以运用。

扁平化风格的图标设计也不是简单的单色平涂，它可以有很多细节，也可以作出质感和动感，这需要 UI 设计师耐心地去发现。

小结

眼睛是心灵的窗口，而图标是 APP 界面的窗口。在图标的学习过程中，没有很好的捷径让你去走，更多的是多做多练习。我们可以通过网络上的优质图标临摹，也可以通过对真实事物的绘制，还可以是对脑海里画面的创作，来达到一个量的原始积累到一个质的完美转变。

在图标的练习中，不局限于扁平化风格的图标设计，拟物化风格的图标练习更能提高绘制图标的能力。

到这里我们已经学会了一个 APP 的界面和界面中图标的设计，这个时候您可能会有疑问，是不是可以把设计稿移交给开发进行人员设计实现。其实不然，还需要做些什么呢？在下一章里将会为您解惑。

作业

1. 用素描的形式来表达你的便签 APP 的 LOGO。

2. 用 AI 设计你的便签 APP 的 LOGO，并在 PS 界面中运用，看看你是否能让它在 PS 中的像素完美地呈现。

3. 把你的便签 APP 中的图标用长投影的方式表达。

08 界面细节提升

本章目标..

　　1. 学会用栅格系统来提升界面的易读与可用性

　　2. 熟知切图与标注的知识与技能

　　3. 知晓设计资源命名与文件的整理

关 键 词..

12Grid　　还原　　细节　　点9　　神器

骆驼规则　　命名

"在日本，我们把一生致力于精进自己技艺的人称为'职人'，我自己也一直在努力达成这个目标，我想，每一辆GT-R的完美，都成就于无数职人的双手吧，在这里也要感谢他们的努力。"——田村宏志（日产nissan GT-R首席产品专家）

对界面设计而言，职人的工作不仅是对技艺的精进研究，也是对界面设计细节的不断优化，只有这样，一点一滴细节优化的量变最后必然带来整个界面体验的提升。

8.1 栅格系统

栅格系统又叫网格系统，主要是以规则的网格阵列来指导和规范页面中的版面布局以及信息分布。栅格系统是从平面栅格系统中发展而来的。对于界面设计来说，栅格系统的使用，不仅可以让网页的信息呈现更加美观易读，也更具可用性。

栅格化让眼睛浏览信息更加愉悦。从报纸、杂志，到手机界面，栅格系统全面渗透到各种信息传达的界面当中。

先介绍一下网页栅格系统的原理与应用：

在页面设计中，我们把宽度为"W"的页面分割成n个网格单元"a"，每个单元与单元之间的间隙设为"i"，此时我们把"a+i"定义"A"。它们之间的关系如图8-1所示。

栅格系统的使用，不仅可以让页面的信息呈现更加美观易读，更具可用性；还可以用它来界定内容和功能组。有时候要将一组物体分组不一定非要用到线条或者方框，简单地对其空间调整往往能帮助用户理解界面的结构。

在密度比较高的栅格系统中，大幅简化视觉调色板时，你可能会发现你的设计能够支持更为复杂的结构，同时看起来也不会显得凌乱，如图8-2所示。

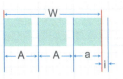

（A×n）- i = W
A：一个栅格单元的宽度
a：一个栅格的宽度
A = a + i
n：正整数
i：栅格与栅格之间的间隙
W：页面/区块的宽度

解：
W =（a×n）+（n-1）i
由于 a + i = A
可得：（A×n）- i = W

图 8-1　栅格的定义

互动： 讨论 APP 中是如何运用栅格系统的。

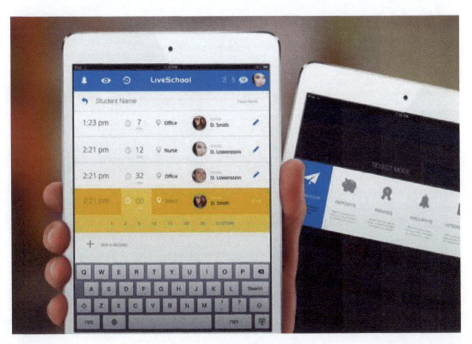

图 8-2　栅格系统的应用

那么在 APP 界面中我们如何运用栅格系统让界面设计中的结构、信息更合理美观？

12Grid 是全球首款兼容多分辨率机型的智能手机应用界面栅格布局系统，使用 12Grid 栅格系统，UI 设计师无须再计算尺寸，按照栅格自由布局即可，加快了 APP 设计的布局效率，让 UI 设计师更多地聚焦在界面细节的设计和图标的创意上。

12Grid 栅格系统，可快速布局成四列图标、三列图标、两列缩略图等基本常规的布局，以及更加自由的布局，甚至手机游戏的界面布局等。基本布局案例如图 8-3 所示。自由布局案例如图 8-4 所示。游戏布局案例如图 8-5 所示。

图 8-3　基本布局案例

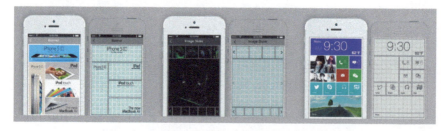

图 8-4　自由布局案例

图 8-5　游戏布局案例

当然，栅格系统也只是一种布局辅助工具，在实际项目中应该灵活地根据需要在整体或局部合理应用，不宜过于依赖栅格系统让其限制 UI 设计师的创意思维。

8.2　UI 还原与跟进

作为 UI 设计师，把 APP 的最终设计稿交付给开发人员，这时候最关心的就是设计输出是否能一比一地被开发人员实现了。当然，在 UI 设计师完成设计输出并对输出物标注明确的情况下，还原的程度通常是非常高的，基本可以达到 80% 到 90%。剩下的一些小细节，可以与开发人员沟通协调来解决问题，相信在为了产品好的目标前提下，大部分的开发人员都是非常愿意帮助解决这些小问题的。

如果遇见开发人员还原不到位的情况，通常有以下几种可能：

- 设计输出不够谨慎，改动很频繁；
- 开发人员个人能力、态度的问题；
- 开发人员缺乏细节对产品重要性的认知；
- 沟通不善；
- 没有完善的 bug 反馈和质量控制机制。

当出现还原不到位情况时，那么作为 UI 设计师的你该怎么办呢？

- 严格要求自己，认真对待每一个设计稿和每一个 1px。

除了效果图，还要做好设计稿的视觉说明文档和色值、像素标注的示意图，让开发人员降低对设计输出的学习成本。

- 在工作中出现修改设计稿的情况时，要把控好修改的次数。不可避免要进行反复的修改时，最好跟开发人员协调好，避免情绪上的问题。
- 业余学习些简单的代码，基础代码没有想象中的那么复杂和难学，当深入其中时可能就会感受到代码的魅力。

互动： 讨论：当你设计的便签 APP 出现还原问题时，你会怎么办？

了解一些简单的代码，可以让 UI 设计师对开发人员有一定的认知，帮助 UI 设计师了解 APP 的产生过程，以及在设计中考虑怎样的设计稿更容易被实现；对于开发人员，他们更加欢迎有代码基础的 UI 设计师，在一定程度上，这类 UI 设计师是可以帮他们解决问题而不是提出问题扔给他们不管的人。

- 给开发灌输用户体验的重要性

每个人的思维模式都是不同的，UI 设计师没法要求别人也按照他的思维模式来看待问题。但是想要让大家认同你的看法，只能在平时不断地潜移默化地去影响他人。比如工作之余多跟开发人员聊体验、聊设计、聊细节决定成败，慢慢给他们灌输设计的重要性。

- 交际

在社会的这个大环境之下，不可避免地要与人交际。这里的交际只是同事间关系的处理，相对来说，只要肯用心，很容易就能跟同事打成一片。拥有良好的同事关系，在设计中碰到修改的问题、还原不到位的问题，就会很容易去协商解决了。

不管是 UI 设计师还是开发人员最终目的都是一样的：作出一款让人满意的产品。因此请相信你的伙伴，在做好设计的同时，尽可能地去服务好同事，让同事之间的关系更加和谐、工作更有效率、让产品更加完美的落地。

8.3 资源规范

8.3.1 切图

切图标注是设计完成的重要一步，很多 UI 设计师都想去忽视，但往往界面设计得再出色，因为在切图这一步出现了问题，导致最终实现的效果和设计图相差很大。

切图标注时事先能和程序员有效地沟通一下，可以一定程度上避免资源浪费。

做好命名规范、输出资源大小的把控以及实现效果的预估这些切图的细节问题,将会大大降低开发人员的实现难度,提高 APP 最终实现的整体效果。切图标注如图 8-6 所示。

图 8-6　设计与开发的区别

1. 平台的差异

一个 APP 可能会出现 iOS 和 Android 都用一套设计稿,也可能是 iOS 和 Android 各一套。但不管是哪一种,UI 设计师都要面临一个问题,iOS 与 Android 两个平台的差异性(详情见第 3 章设计规范与流程 3.2iOS&Android 基础规范),需要分别切 iOS 和 Android 两个版本的切图。

- iOS

如图 8-7 所示这么多的型号的 iPhone,怎样去适配这些尺寸不同的手机呢?

我们可以简单地理解为倍数关系,如果你使用 iPhone 6 尺寸做设计稿,那么切片输出就是 @2x,缩小 2 倍就是 @1x,扩大 1.5 倍就是 @3x 了。因此,为了达到最好的视觉效果,应该输出三套尺寸的切片资源,如图 8-8 所示。

在 iOS 里类似按钮之类的,只要提供一张共用的资源就可以了,如图 8-9 所示。

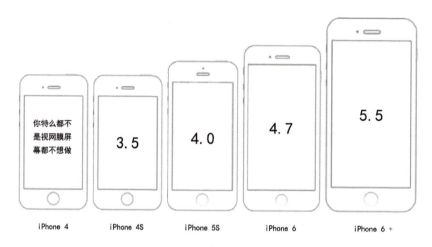

图 8-7　多种型号的 iPhone

图 8-8　iOS 切图输出

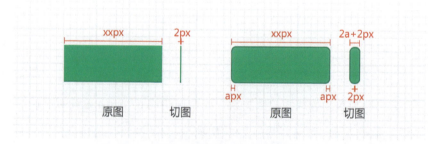

图 8-9　iOS 按钮切图输出

这里需要注意的是开发人员所使用的尺寸是设计稿像素尺寸的一半，也就是说，如果你输出 24px 的图标，开发人员那边就是设置为 12px；所以切出来的图务必使用偶数，为了保证最佳的设计效果，最好避免出现 0.5 像素的虚边。

- Android

Android 开源自由的代价就是设备规范的不可控，市面上充斥着各种品牌的 Android 手机，有着各种各样的尺寸和分辨率，为了适配各种不同分辨率的设备，同一个图标需要切成 N 份，每一份对应一个尺寸。

然而，在 Android 应用中，以 MDPI 为基准界面尺寸，恰好对应上面提及的 iPhone 应用的基准界面尺寸（320×480），所需的切图图标为 iPhone 中对应的 1 倍图；XHDPI 则对应 2 倍图，HDPI 和 XXHDPI 可依此类推。那么取用的 720*1280（XHDPI）的尺寸设计，切片输出就是 @2x，缩小 1.5 倍就是 @1.5x，缩小 2 倍就是 @1x，扩大 1.5 倍就是 @3x 了。因此为了保证完美的视觉效果，最好输出四套不同的切片资源，如图 8-10 所示。

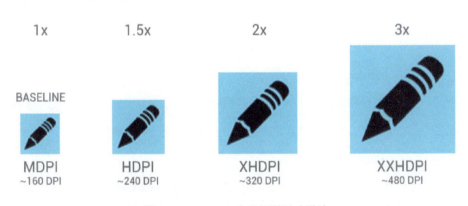

图 8-10　Android 中的切图尺寸设计

说到 Android 就不能忽略掉"点 9"，"点 9"是 Android 开发的一种特殊的图片格式，文件的扩展名为".9.png"。它的好处在于可以将一张图片中哪些区域可以拉伸，哪些区域不可以拉伸设定好，同时还可以把显示内容区域的位置标示清楚，如图 8-11 所示。

2. 把切图交给工具

从上面说的 iOS 切 3 套和 Android 切 4 套，那么一个 APP 下来，UI 设计师在切图中岂不是就花费了项目的大部分时间。其实不用着急，这一切都可以交给以下神器一键搞定。

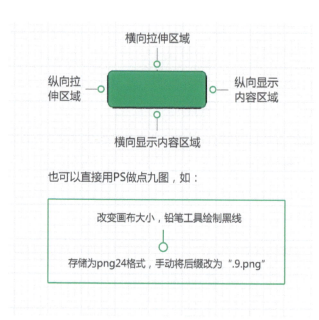

图 8-11 点 9 的运用

（1）Cutterman

一款 PS 的插件，切图非常方便，不过对 PS 版本要求比较高，针对 CS 6 的已经不维护更新了。推荐安装官方完整版 PS cc，如图 8-12 所示。

（2）Assistor PS

Assistor PS 也是一款 PS 的切图标注插件，也被 UI 设计师誉为神器；而且还有标注功能，相当不错，如图 8-13 所示。

图 8-12　Cutterman

图 8-13 Assistor PS

此外，还有 cut&slice me、devRocket、slicy，其中 devRocket、slicy 是 Mac 版的收费软件，提倡支持正版软件，如图 8-14 所示。

cut&slice me

devRocket

图 8-14 其他切图软件及二维码

slicy

（续）图 8-14　其他切图软件及二维码

3. 压缩切图

切完图以后图片还需要做最后的压缩，因为图片的大小会直接影响 APP 安装包的大小，而且图片过大还会影响 APP 的稳定性。

在 PS 里选择文件→存储为 Web 所用格式，如图 8-15 所示。

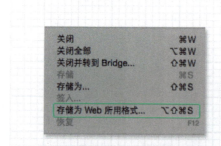 

图 8-15　压缩图片的方法

在 JPG 和 PNG 两种格式图片大小相差不是很大的情况下，推荐使用 PNG-24；如果图片大小相差很大，建议使用 JPG。同样这里可以调节 JPG 格式中的品质，品质越低图片越小。JPG 品质调节如图 8-16 所示。

图 8-16　JPG 品质调节

注意：欢迎页面、icon 一定要使用 PNG 格式，在不影响视觉效果的前提下，可以考虑使用 PNG-8。

除了存储时的减小图片大小，也可以对已存储的图片用压缩软件来进行压缩，如：PngGauntlet、ImageOptim，如图 8-17 所示。

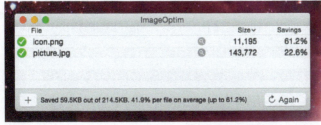

图 8-17　压缩软件 PngGauntlet、ImageOptim

4. 切图归纳

一个 APP 可能有几十个页面，而每一个页面里又有零零散散的图标，把它们一个个切出来，必定有很多重复的切图。所以很多切图都是可以在不同页面里通用的，这时候做好归纳就能提升开发人员在研发时对切图提取的效率，如图8-18所示。

图 8-18 切图归纳

纵使 UI 设计师进行了归纳总结，但也不可能完全分类。于是剩下的一些，就需要按照一个页面一个文件夹的方式来整理切图，这样不管开发人员还是 UI 设计师需要更新时，都在这个统一的地方交接就行了。

5. 标注

切完图并不是代表整个设计工序就已经完成了，还有一道非常重要的工作，即页面标注。

互动：你会如何标注你的便签 APP，以及标注哪些内容？

标注页面是为了保证开发人员在工作时能顺利地将设计稿完美地还原。

那么哪些是需要标注说明的呢？如图 8-19 所示。

常用的标注软件有 PS 插件 Assistor PS 、PxCook、markman，如图 8-20 所示。

标注软件如何使用这里就不做具体说明了，软件的官网上都有相应的操作教程。一般在标注时最好是将 PS 和标注软件同时打开，因为有时候标注软件并不能完全地把 PSD 文件里的东西标注出来,所以标注也要灵活运用,如果无法标注,就到 PS 里查看一下,然后再使用文字标注说明一下。

- 模块的高度、宽度,距离
- 文案的字体大小,颜色
- 背景颜色
- 不同状态链接颜色变化

图 8-19　标注说明

PxCook

markman

图 8-20　标注软件

8.3.2 资源命名

资源命名可能是大家比较容易忽视的一个问题，特别是初学者或者新人，甚至可能会说：这有什么值得一提的？做好设计稿就行了，其他交给开发人员吧！其实养成合理命名的操作习惯，是很有必要的，看完下面几个原因就明白了。

- 降低查看设计稿群体的学习成本（UI 设计师本人、开发人员、新人接手、客户）。
- 设计文件、PSD 图层太多，当时记得，时间一长容易忘记。
- 项目设计过程难免有需求更改、修改建议，导致设计稿需要反复修改，杂乱的命名是不是让你愁上眉梢？
- 开发人员会直接面对设计输出稿，无序的图层及命名令人抓狂。

> **互动：** 说说你是如何为你的便签 APP 文件 / 效果图命名的。

既然资源命名这么必要，那么可能有人会问：文件的名字可以随便写吗？当然不是，这里的命名可以参考编程高级语言里的语法来进行，骆驼规则或者下划线规则。在界面设计中下划线规则使用率更高。具体规则样式如图 8-21 所示。

骆驼规则：如 iconSettingTabbarNormal
除了第一个逻辑点首写字母小写外，
其余逻辑点的首写字母均大写

下划线规则：如 icon_setting_tabbar_normal
每一个逻辑点断点都有一个下划线
来标记

图 8-21 资源命名规则中的骆驼规则和下划线规则

那么在设计过程中，UI 设计师又要对哪些事物进行命名规范呢？

1. 视觉输出文件夹

一个 APP 的视觉输出需要：视觉源文件 + 截图、展示用的完整效果图 + 视觉标注与说明+切图（详情见第四章流程—4.2 项目管理与自我管理—文件管理）。

2. PSD 源文件

如果一个 APP 功能强大，结构复杂，输出的文件非常多。这时候可以按照功能模块文件夹和 PSD 源文件的方式来管理。

其中 PSD 源文件的命名可遵循：阿拉伯数字+页面名称+场景操作/状态说明.PSD

如果简单的话，直接用 PSD 源文件命名法可能会更便捷。这样可以减少一步打开文件夹的步骤。PSD 源文件管理如图 8-22 所示。

图 8-22　PSD 源文件管理

3. PSD 图层

先来看一组图的对比。

无序的 PSD 图层　　　　　整齐有序的 PSD 图层

图 8-23　PSD 图层对比

如图 8-23 所示，PSD 图层的简单案例对比中可以看出，合理命名 PSD 图层有多么必要了。

为了方便操作，通常按照模块名称来命名，图层的顺序与页面上看到的元素顺序一致，即从上到下，从左到右，如图 8-24 所示。常用模块名称如图 8-25 所示。

图 8-24 界面与 PSD 图层的命名示例

常用模块名称

外套：wrap（用于最外层）　　　　左右中：left right center
状态栏：statusbar（用于顶部）　　 标志：logo
导航栏：navbar（用于头部）　　　　标题：title
内容：content（用于中部主体内容）　注释：note
标签栏：tabbar（用于底部）　　　　登录：login
子导航：subnav　　　　　　　　　　注册：reg
边导航：sidebar　　　　　　　　　　表单：form
左导航：leftsidebar　　　　　　　　搜索：search
右导航：rightsidebar　　　　　　　广告：banner
列表：list　　　　　　　　　　　　　背景：bg
菜单：menu　　　　　　　　　　　　页码：page
子菜单：subMenu　　　　　　　　　功能区：shop（如购物车、收银台）
下拉菜单：dropMenu　　　　　　　 当前的：current
容器：container　　　　　　　　　　…

图 8-25 常用模块名称

4. 输出切图

切图的命名规则为：切片种类 + 功能 + 图片描述（可有可无）+ 状态 .png，如图 8-26 所示。

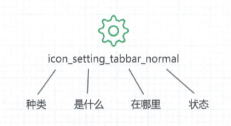

图 8-26　切图的命名规则

名称最好用英文命名（中文不识别，推荐小写字母），不要以数字或者符号当作开头。

举个例子：一个首页的处于正常状态的确定按钮

btn_sure_nor.png

btn_sure_nor@2x.png

切片种类是按钮（btn）；功能是确定（sure）；状态是 normal（正常）。常用切图命名及缩写如图 8-27 所示。

图 8-27　常用切图命名及缩写

始终相信作为一名 UI 设计师，所有产出的东西，都必须是精心设计过的——不仅仅是最终的视觉稿或标注，而是在整个工作流程中，每一份文件都应该做好接受众人审视的准备。让工作更有逻辑性、更高效，也让拿到文件的同事或者客户一秒看懂文件结构并找到他们需要的东西，易于修改和补充。

小结

学完这一章你是否感受到了设计中那些让我们忽略的事情，其实它是一个 APP 应用是否值得"炫耀"的重要因素之一。这一章其实也是对 UI 设计师对完美的追求，对设计极致的态度的一种培养。

在这里，我们已经学完了关于一个 APP 应用视觉方面的相关知识，这时候我们终于可以进入移交工作中，将设计输出物给开发人员，开发人员开始开发实现的工作，这也是 APP 应用最重要的一个环节。因为没有这个环节，前面的所有工作做得再完美都是空谈。

作业

1. 给你构思的便签制定一套栅格系统。
2. 根据本章的学习，把便签 APP 最后交付的工作切图与标注完成。

参考文献

1. 可风，http://zhuanlan.zhihu.com/kefeng/20551208，知乎，（2016-03-02）

2. Carrie Cousins，《Principles of Flat Design》，designmodo，http://designmodo.com/flat-design-principles/（May 28, 2013）

3. 嘉文钱，《PPT 扁平化设计手册》，站酷，http://www.zcool.com.cn/work/ZMjYwMzM3Mg==.html（2014 年）

4. Adrian Taylor，《Flat And Thin Are In》，smashingmagazine，https://www.smashingmagazine.com/2013/09/flat-and-thin-are-in/，（September

3rd, 2013）

5. 铁木珍，《PS 旋转技巧——让旋转后的像素完美呈现》，三人行 PS 学堂，http://www.ren3.cn/1867.htm（2013 年 2 月 23 日）

6. tanlee，《12Grid 智能手机 APP 栅格系统》，UI 中国，http://www.ui.cn/detail/8010.html（2013-11-12）

7. moonchild9，《关于 APP 的设计和切图》，站酷，http://www.zcool.com.cn/article/ZMTM3OTky.html（2015 年）

8. vokodesign，《网页设计与重构那些事儿》，站酷，http://www.zcool.com.cn/article/ZNDkxODQ=.html（2013/08/03 ）

书单

- 艺术的故事．E.H 贡布里希，范景中 / 杨成凯译．广西美术出版社，2008 年 4.
- 设计中的设计．原研哉，朱锷译．山东人民出版社，2006 年 11.
- 写给大家看的设计书．[美] 威廉姆斯（Robbin Williams）著；苏金国，李盼等译．人民邮电出版社，2016.
- 配色设计原理．[日] 佐佐木刚士 著；[日] 奥博斯科编辑部编，暴凤明译．中国青年出版社，2009 年 12.
- 超越平凡的平面设计 版式设计原理与应用．麦克韦德 (John McWade) 著，侯景艳译．人民邮电出版社，2010 年 9.
- 方寸指间．无线工坊 著．电子工业出版社，2014 年 3.
- 移动应用 UI 设计模式，[美] Theresa Neil 著；田原译．人民邮电出版社，2015 年 1.

第五篇

开发实现

产品最终是通过开发人员敲入一行一行代码实现的。开发之前的工作主要是论证、策划、设计，而生成的文档、工具、设计师的图稿等，最终都需要提供给开发人员来进行代码实现。在这样一个多角色协作的过程中，产品、运营作为需求的来源，给出需求；开发作为最终的落地实施人员，最终写代码实现需求。我们设计师在这个协作链条的中间，该如何与团队高效配合？

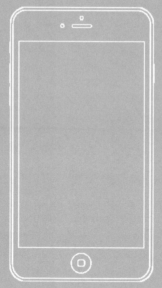

Chapter 5
开发实现

第 9 章　开发实现（线上实现运营）
  9.1　如何与产品、运营、开发配合　182
  9.2　发布制作完成的 APP　189
  9.3　快速制作一个 DEMO　197

09 开发实现（线上实现运营）

本章目标

1. 了解互联网企业中产品开发实现的过程
2. 了解主要岗位的工作职责和工作性质，以及各岗位配合的注意事项
3. 了解 APP 的发布方式和常见的应用市场
4. 掌握制作简单 demo 的方法

关 键 词

协作配合　　产品经理　　产品策划　　运营开发

应用市场　　demo

一个APP的诞生——从零开始设计你的手机应用

9.1 如何与产品、运营、开发配合

9.1.1 各角色的分工

大型互联网公司都有一套成熟的研发流程，用来管理内部众多产品的研发；小型互联网公司通常也参照大公司的做法，来搭建自己的研发流程。不同公司之间在主要流程上都差异不大，只是在一些具体的细节上会根据各自公司业务的需求，做一些调整。

互联网产品的研发流程一般是这样的。

- 需求来了：产品经理负责需求的策划和整理，输出 PRD，明确设计需求、开发需求、其他资源需求。需求也会来自于运营人员，例如运营要做活动，活动页面需要有抽奖功能，在 APP 内购买还要有返现功能，等等。这些都是运营工作的需求。开发人员及设计师的人员有限，数量众多的需求需要确定优先级，然后根据优先级和工作量来安排开发的先后顺序。优先级一般由整个项目的项目经理或者产品经理来确定。

> **名词解释**
>
> PRD：（Product Requirement Document）为产品需求文档的英文缩写，撰写 PRD 的一般是产品经理，用来描述产品需要做成什么样子，设计师和开发根据 PRD 进行设计和开发。

> 产品经理的需求来自哪里？
>
> 令人好奇的一个事情是产品经理的需求来自哪里，他们哪来的那么多需求？主要有这些原因：
>
> 1. 版本规划：从无到有策划一款产品的时候往往包含大量的功能，这些

功能不会一次性开发出来，一般分布在若干个版本内实现。

2. 动态演变的产品：互联网产品的演变过程不是静态的，并非一切都在计划之中，而是会根据市场对早期版本的反应，来决定后续产品应该如何调整。尽管我们在第一个版本上线前，就会对未来的多个版本有清晰的计划，但实际上，第一个版本上线后，我们会根据市场的反应去调整后续的版本计划。市场的反应是难以预测的，因此版本计划往往也会出现难以预测的调整。

我们经常看到一款产品增加一个创新的功能，其他同类产品也纷纷模仿。

每个产品都会有一个详细的《未来版本计划》，产品经理需要经常去考虑是否需要调整这个《未来版本计划》。

腾讯公司的核心产品 QQ 在 1999 年上线了第一个版本，之后不停地迭代，到 2016 年 4 月这个时间点，适配 Windows 系统的 QQ PC 版已经演变到了版本 8.2。

3. 细节的优化：产品内诸多细节并不都能体验完善，而是需要不停的优化，而且当前合适的处理方式再过 2 年未必还是合适的。发现不合理的细节也是产品经理的工作内容之一，主要是通过观察用户的行为来发现处理得不合理的细节，然后对它进行优化。

小米手机的操作系统 MIUI 是小米公司的核心产品，这个产品的开发人员会不停地根据用户的反馈去优化 MIUI。MIUI 经过长期打磨细节，已经成为体验最好的安卓系统之一。

4. 适应丰富的使用场景：随着技术的发展，我们生活的环境也不停地发生变化，设计产品的时候要考虑用户在什么环境下使用。

淘宝公司的产品"支付宝"（现隶属于阿里集团旗下蚂蚁金服）早期是一个支付工具，需要账号及复杂的支付密码确认才能完成支付。随着移动智能设备的兴起，支付宝针对移动支付的场景进行了优化，推出了付款码、手机扫码支付功能，让用户能够方便地支付。在深圳市一个小街道的便利店，一个小伙子购买了一瓶纯净水和一个面包,他使用付款码进行了支付,而没有使用身上携带的硬币,这种场景已经变得越来越普遍。

没有一个"完成"的互联网产品,互联网产品都会在上线以后根据用户的使用情况不断地进行迭代调整。

- 需求要评审:产品经理策划的方案并不一定合理,即便合理也不一定容易实现,即便能够实现也不一定有足够的资源支持(成本太高)。因此方案需要和开发、设计、测试、运维人员进行评审,评审过程中会对需求不合理、当前团队难以实施的地方进行调整,然后进行下一轮评审,直到大家觉得都可以为止。有些团队没有正式的评审环节,有些小型团队可能不进行评审,直接使用产品经理输出的方案。

- 开始设计:设计师根据产品策划的方案给出设计稿。一般设计师会根据产品经理的要求给出多个设计方案或者在设计过程进行阶段性验证和确认,保证设计的页面和交互与产品经理的需求是一致的。

- 开发写代码:开发人员根据产品的需求和设计师提供的设计材料编写代码,把产品开发出来。

- 测试把关:产品开发完成后需要负责测试的人员来测试产品会不会有问题,如果有问题就需要进行调整。大型产品拥有大量的用户,产品的一个小缺陷都会给大量用户造成困扰,因此大型互联网公司会有严谨的测试与发布流程,以免产品的小缺陷造成大面积的体验损伤。

从这样的一个长流程来看,大家各自有自己负责的点,先多了解一下各岗位要对什么负责,以及他们各自的难处,在和他们合作的过程中,设计师会更加心平气和、设身处地地沟通与协作。

9.1.2 与产品经理融洽相处

产品经理对产品结果负责，好用不好用，能否吸引用户，能否留住用户，能否成功卖出商品，能否实现变现目标，都由他们负责。直接对结果负责的岗位也伴随着巨大压力，这种压力会传导至整个团队，包括设计师！

产品就算做得非常漂亮，表现出极其专业的水准，最后如果没有达到商业目标，结果也需要产品经理来承担。资深产品经理遭遇滑铁卢，这种事情每年都在互联网圈子里上演，因为产品的结果不是水平高就会好，跟市场机遇也有很大的关系。结果好的时候产品经理会比较风光，除了给老板展示漂亮的数据曲线，年终奖多拿一点，还可以做一个漂亮的 PPT，拿着到处去给别人分享成功经验；不过结果不好的时候除了遭遇各方面的责备，产品经理还要去思考怎么破局，如何扭转。结果不好的时候，老板最终责备的也是他们，苦逼的产品经理！

这里，总结与产品经理相处注意事项。

1. 多沟通，了解清楚需求

有些产品经理对设计需求的描述会简单的让人抓狂，有些会复杂得让人抓狂。当然专业合格的产品经理都会给出恰当的描述。对于那些简单如"一看到就要有下单冲动"的描述，可以去找产品经理，问清楚什么是他觉得"有下单冲动"的例子，从他（她）给的案例中去总结风格和气氛上的要求。

也会有一些非常复杂的要求，甚至有些要求已经与我们的设计规范不符合了，这种情况一定要坚守底线，按照规范来。专业的产品经理都不会这么极端，会给出比较恰当的描述。

2. 从自身专业的角度给出建议，探索更好的方案

有些喜欢越俎代庖的产品经理，会直接自己选好配色。这种情况下如果他（她）的方案确实很好，我们做一些精细化的处理就可以，如果我们认为他的方案不够好，可以给出更专业的方案！对于这种越俎代庖的产品经理，经过几次对比，他（她）也知道自己可以放心地把界面设计都交给我们了。

3. 插队的需求

最影响效率的事情之一，就是需求插队！下班的时候过来找设计师，说有一个页面明天要用！可是我下班还约了女神吃饭啊！有排期吗？什么，老板要的？紧急需求不做不行！

这个时候设计师必然会影响到自己的工作计划。遇到这种事情，只能说是研发流程不严谨导致的，如果频率不高，一次两次我们尽量去支持，如果频繁出现需求插队，那么就有必要建议研发管理人员要完善研发流程。

9.1.3 与运营融洽相处

运营同事直接面对短期的 KPI，顶着巨大业绩压力。

发扬团队精神，与运营同事相处需要注意的事项介绍如下。

> **名词解释**
>
> KPI：Key Performance Indicator，为核心表现指标的英文首字母组合。企业内经常会对员工进行目标管理，要求员工在一年（也可能是月或者季度等）在某个或者几个指标上达到公司设定的目标。这种量化指标一般称为 KPI。

1. 理解强势运营同事背后的压力

运营的需求一般都相对紧急，尤其对于一些市场变化迅速的行业，连活动的安排都不一定是按照节日来的，出现无法预测的市场变化需要通过紧急活动来应对，出现紧急需求的可能性也会很高。这种情况下我们一定要理解：任何一个强势的运营背后，都有沉重的 KPI 压力。

强势的态度当然会让别人觉得不开心，不过针锋对麦芒并无益处。如果紧急需求密集，一方面我们要和运营人员商量，看看哪些是可以提前规划的，避免出现这么急匆匆的、又累又不一定能做出优质设计稿的情况，导致活动效果打折扣；另一方面我们也可以申请专门的人力来对接频繁的紧急运营需求，这样子有专人处理，高频的紧急需求就变成了常规工作。

2. 需求又变了

今天做好的设计稿，经过一遍确认明天又要改！

这种情况容易让设计师失去情绪控制能力。如果发生的次数多，一定要告诉运营同事，策划方案时要想清楚，确定设计稿时要看仔细。当然防止需求变更合理的方式是将需求确认流程化，对于违背流程的运营同事，需要在流程中设置惩止措施，以保证工作计划流畅的执行。

9.1.4 与开发融洽相处

一般来讲，与单纯的开发人员都能融洽相处。开发人员虽然没有面对市场的 KPI 压力，相对淡定温和，但是他们有排期时间的压力，这个需求 3 天完成，那个需求半天完成，如果无法如期完成就要通过加班的方式完成任务。

因此，与开发人员相处的注意事项，总结如下。

1. 实现的效果不一样时

开发实现的效果可能会跟设计稿不一样！有些产品经理和测试会去做把关，有些时候需要设计人员自己把关。后面这种情况，设计师可以自己去找开发人员，督促他们修改成一样的效果。当然，一般情况下更好的方式是让产品经理或者项目经理去推进这个调整。

当然，如果开发人员是基于时间成本和开发成本的考虑，不得不降低前端的视觉效果，牺牲一定的精细度，也要考虑这种可能性。

2. 多了解开发使用的语言

多了解开发人员使用的语言，这种语言提供了哪些组件，每种组件能够提供哪些交互、有哪些属性可以调节。这样的好处是我们不会做出不易实现的非常规效果，也能更好地和开发人员沟通，甚至在设计环节就能考虑到实现成本。经验丰富的设计师都会对各种系统平台、前端语言的特性有深入的了解。

9.1.5 团队中的其他角色

团队中常见的角色还有项目经理、测试工程师、运维工程师、用户研究工程师,有些公司还会有专门的重构工程师。

项目经理:负责开发过程的管理。一个需求往往不止一个开发人员参与,一个开发人员手头负责的需求通常也不止一个,这种多任务、多人同时做几件不同事情的情况,就需要一个岗位来专门负责任务、人、时间的匹配,以免整体陷入混乱,这个岗位就是项目经理。有些公司设置了这个岗位,有些公司没有设置。有些公司的产品经理会兼任项目经理的角色,有些公司的技术经理会兼任项目经理的角色。

测试工程师:测试的目的并不仅仅是检测代码是否有 BUG、能不能跑得通,而是需要对整个产品质量进行管理。严谨的质量管理部门会建立清晰的质量管理体系保证产品的质量。有一定比例的小型互联网公司,测试部门主要做软件的 BUG 测试,而缺乏成体系的质量管理流程。

用户研究工程师:一定规模的产品团队会设置专门的用户研究工程师岗位,顾名思义,用户研究工程师主要研究用户特征、用户怎么使用我们的产品,从而对设计、产品策划、运营、甚至公司的业务流程提供改进建议。小规模的公司一般不会设置这个岗位,而是由产品经理、运营人员来兼任这个任务,有些公司也会由设计师来兼任。

9.1.6 融洽相处的简单原则

- 服务于总体目标

整个团队为总体的产品目标或商业目标服务,每个角色发挥各自的专业能力,在产品研发环节中起不同作用,任何一个环节没做好都会影响最终的产品效果。产品的功与过不管最终归于谁,都是团队一起协作的结果。

- 沟通比流程重要

再严谨的流程也无法替代团队成员之间清晰无障碍的沟通。我们经常看到同一个公司的不同团队，即便拥有相同的流程，因为团队的沟通氛围不同，导致产品结果相差很大。

- 默契团队产生高效

团队成员之间的私交会增进彼此的默契程度，交情不错的同事之间合作，能够相互信任，熟悉彼此的工作方式从而更好地配合。同一个公司的同一个项目团队的成员，在离开公司去创业时，也相对更容易受 VC 青睐，因为他们已经培养出了很好的默契。

9.2 发布制作完成的 APP

APP 开发完成后，就要对外界发布。可以直接把安装包挂出去让用户下载，比如把文件直接上传到自己的官网上或者论坛里，用户下载后直接安装。有些小规模产品，所有的用户都在一个聊天群里，直接把文件拖到群里就发布成功了。

更正式的则是在应用市场进行发布，相对而言应用市场发布步骤更加规范，流程也相应更加复杂。目前大多数的开发者都通过应用市场来发布 APP，因为应用市场拥有大量的用户。

应用市场与操作系统相对应，最主流的两类应用市场为 iOS 应用市场、安卓应用市场。其他操作系统虽然使用人数少，远低于 iOS 及安卓，但是它们一般也会有自己的应用市场，例如塞班和 WinPhone 都有自己的应用市场。有些应用市场在功能上支持多个平台的应用提交，不过实际使用过程中，用户也只用它来下载单个平台的应用。

iOS 应用市场即 App Store，开发者直接向 App Store 提交 APP。苹果公司制定了详细的审核标准，审核人员会根据审核标准对提交的每个应用进行审核，如果 APP 不符合规范，会被审核人员拒绝。

安卓应用市场在国外主要是 Google Play，在国内则有众多的应用市场。

下面简要地说明在应用市场发布一个 APP 需要经过哪些步骤。由于每个应用市场的差异，我们实际发布 APP 到一个应用市场的时候需要查看应用市场的官方说明。

9.2.1 应用市场发布的步骤

苹果市场和安卓市场的发布步骤整体上相似，但在具体操作的各环节会有很大差异。另外国内安卓市场众多，每个市场对素材的要求并不统一，操作过程中需要针对各应用市场提供多套素材，发布工作量会相对烦琐。

总体上都遵循以下这样的步骤。

步骤 1：注册应用商店开发者账号。

想要在某个应用市场发布应用，首先要做的是注册该应用市场的开发者账号。一般开发者账号分为个人账号和企业账号。企业开发者在注册时需要提供营业执照、软件著作权证书、银行开户信息和企业法人身份证信息，个人开发者则只需要填写个人身份信息和银行账户信息。

发布过程可以在开发者后台看到比较明确的引导。

步骤 2：提交 APP 到应用市场并填写应用相关信息。

在开发者后台找到上传应用的入口，上传应用后需要填写应用的相关信息，包括应用程序名称、应用程序一句话介绍、应用 icon、应用程序描述、应用展示图片和更新说明等。填写应用程序的信息是非常重要的一步，初次接触我们 APP 的用户主要通过这些信息了解它并决定是否下载，因此应用信息要写的简洁而且有吸引力。

步骤 3：提交等待审核。

以上信息填写完后就可以提交审核了，应用市场审核通过后就完成了发布。有的市场可以选择定时发布或审核通过立即发布，发布的时候可以根据需求在提交审核前灵活地选择。

安卓市场审核较快，通常 1 个工作日就能审核通过，苹果市场则需要 5 个工作日或者更长时间。

9.2.2 应对苹果应用市场的审核速度

苹果应用市场的普通审核一般情况下需要 1 周，如果遇到节假日，则可能需要 2 周或更久。苹果应用市场审核速度慢于安卓市场，导致 APP 在不同平台的同步发布需要一些控制技巧，一般营销活动会以苹果应用市场的上线时间为准，把安卓市场的提交适当推后，以实现两个平台的同步上线，这样安卓和苹果的用户就能同时参与营销活动。

有些时候我们要快速地发布新版本 APP，这个时候如果市场形势导致无法承受 1~2 周的审核时间，可以使用苹果应用市场给开发者提供的加急审核通道。常用的通道有 2 种：一是出现严重 BUG，二是付费审核。出现严重 BUG 的情况，可以向苹果应用市场申请加急审核，为了提高通过率，最好使用录屏等方式加以证明，录屏链接一般使用上传至 YouTube 的视频，便于苹果审核查看。另外一种加急审核的通道是付费审核，需要给苹果公司支付审核费用，付费审核的价格为 4999 元人民币（2016 年 4 月数据），实际操作的时候以苹果公司的说明为准。

9.2.3 安卓应用市场发布

安卓应用市场主流分发渠道包括：360 手机助手、应用宝、百度手机助手、豌豆荚和小米应用市场等，尽管市场众多，但后台结构基本一致，熟悉其中一个市场的发布流程即可了解其他市场的发布流程。以下以应用宝为例来简要演示安卓市场的发布流程。

（1）打开应用宝开发者后台 http://open.qq.com/tap/userinfo，注册开发者账号，如图 9-1 所示。

（2）填写注册信息（以企业开发者账号为例），如图 9-2 所示。

（3）注册成功后在管理中心选择创建应用，如图 9-3 所示。

（4）选择创建应用类型，如图 9-4 所示。

图 9-1　应用宝开发者账号类型

图 9-2　应用宝企业开发者账号注册界面

图 9-3　管理中心创建应用

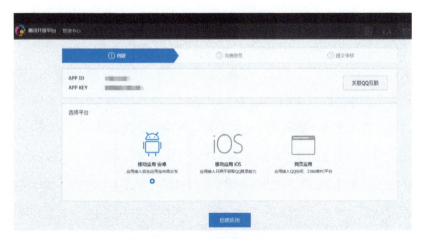

图 9-4 应用宝可供选择应用类型

(5)完善应用信息并提交审核,如图 9-5 所示。

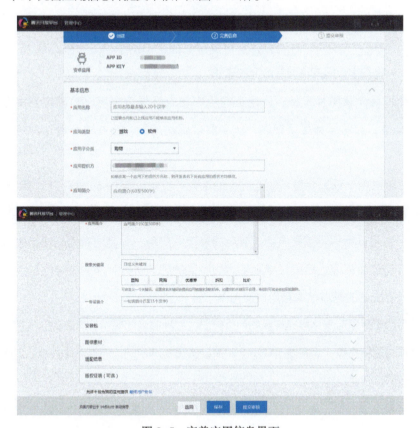

图 9-5 完善应用信息界面

其中，**应用名称**：用户在应用宝看到的 APP 名字。大多数应用市场对应用名字的修改都有一定限制，应用宝限制应用名称修改不超过 3 次。如果 APP 已经发布一段时间，并且积累了一定的下载量和用户评论，针对排名进行过优化，修改名字可能会导致这些优化成果前功尽弃。

有些运营人员会根据应用市场的流量分布来修改应用名字。例如，一款用来申请贷款的应用在应用名称内加入"信贷"关键词，有利于 APP 在"贷款"相关的搜索结果内展示。不过这种做法有好有坏，更改名字可能会模糊应用自身的品牌认知，尤其是曾经有 PC 端网站或者 PC 客户端的应用。实际操作过程中运营人员需要权衡原品牌的一致性、对用户的友好性以及对流量的掌握等因素。

一句话简介：在应用宝中，用户首先看到的是列表里的应用图标、应用名称和一句话简介，一句话简介对于用户了解我们的 APP 也很关键。一句话简介有字数限制，需要在字数限制内寻找合适的表述。

应用简介及图片素材：应用宝的用户在应用详情中可以看到应用简介和图片素材，应用详情是用户进一步了解应用的途径，往往决定着用户最终是否下载。

通常应用市场只会显示应用简介的前几行文字，用户点击展开后能看到更多内容，通常运营人员会把重要的内容要放在前面写，这样用户在没有展开的情况下也可以看得见重要内容。应用简介可以先用一句简洁有力的话描述应用的基本功能和亮点，后续文字则可对功能点的细节进行补充，在描述的结尾部分可添加公司的基本信息和用户反馈渠道等。

图片素材是形象化展现产品的一个窗口，做到美观的同时，尽量充分地展现产品基本功能和亮点，大多数用户不会花时间阅读文字说明，而是通过查看应用图片来决定是否下载。

应用上线初期，通常用图片素材来介绍 APP 的基础功能，常见的是按照底部导航栏逐个介绍，没有底部导航栏的应用则展示主要页面；随着产品更新迭代，视其迭代范围，则可以有侧重地介绍更新点。功能迭代快速的应用可以保持功能介绍为主，逐步增加主要功能的介绍，让用户一眼了解 APP 的功能。结合应用市场对图片素材的数量限制以及用户查看习惯，图片素材一般 4~5 张较为合适。

完成上述步骤后提交审核，应用宝半个工作日内会反馈审核结果。

（6）查看上线效果及用户反馈。审核通过以后，可以用不同规格的手机去查看 APP 在应用市场的呈现效果，这样可以了解到不同终端用户在每一步看到的我们的 APP 是怎样的。

应用宝的开发者后台无法查看用户评论，开发者可以到应用宝市场搜索自己的产品并查看评论，通过评论了解用户对自己产品的看法。360 手机助手的开发者后台可以直接查看用户评价和对评价进行回复，可以视需要对市场的评论进行回复，如图 9-6 所示。

图 9-6　360 应用市场可以直接在后台查看和回复用户评论

苹果应用市场的发布详情可以扫描本书二维码获取相关文件。

9.2.4　灰度发布

灰度发布是一种常用的产品测试及质量管理工具。对于用户量大的产品，由于已经有大量的用户在使用，贸然发布一个新版本取代用户当前使用的版本，风险太大。因此互联网公司摸索出了一种工具，就是灰度发布。

在发布新版本时，不对所有的用户发布，而仅仅针对少部分用户样本发布。这少量的样本用户使用过程中往往会暴露出一些问题，把这些问题修正后，就得到了更稳定的版本，得到稳定的版本后就可以对所有的用户发布，这样的稳定版尽管还可能存在少量问题，但是风险已经大大降低。

灰度发布视产品用户数量可能会进行多轮，一般下一轮比上一轮覆盖更多用户，这种逐步推向市场的方式尽管操作上更复杂，但是能够最大限度地保证用户体验不受伤害。

不同公司进行灰度发布的控制流程、内部名称都会略有差异。有些公司可能会叫做小流量测试，针对少部分流量发布新版本。

Web 产品的发布和终端产品不一样，Web 产品的代码运行在服务器上，因此只要更新服务器的文件即可，不需要用户安装新版本的本地应用，不管是发布还是回滚都会相对简单。大多数 APP 的版本更新都需要用户在本地安装新版本，灰度就必然会导致多版本管理。当然多版本不一定是灰度导致的，很多应用都不要求用户强制升级，因此也会出现多个正式版本同时在线。

灰度测试除了测试稳定性，通常还需要测试用户对新功能（或者老功能改变和优化）的反应，这需要配套做好用户调研和数据统计工作。设计可量化的评估指标是常用的方式之一，量化分析有利于客观地评估灰度结果。

当然，除了把灰度发布当做一种测试工具，有些公司也把灰度发布当做营销工具。

9.2.5 内测和公测

新游戏发布初期经常采用内测和公测来做测试性发布。由于游戏产品的复杂度高，因此需要用户较长一段时间内参与试玩才能发现产品的性能问题、平衡性问题以及其他逻辑性问题、可玩性问题或者体验问题。

内测和公测某种程度上也是灰度发布的一种，算是灰度发布在游戏产品中的应用。当然有些公司仅仅把公司外部人员参与的测试称为灰度测试。

这些概念在实际使用过程中，在不同公司会有不同含义，因此我们可以结合具体场景来判断。

9.3 快速制作一个 DEMO

有时候我们需要在开发前制作一个 DEMO，比如在公司内给老板展示新想法、汇报新策划的 idea、申请新产品立项，或者创业团队给投资人展现产品 DEMO 以获取融资。

制作 DEMO 的工具很多，常用的有 Axure RP、proto.io、墨刀等，其中以墨刀最为简单。这些工具的官网、视频网站及社区都有大量的教程。

我们本节简要演示一个用墨刀制作 DEMO 的案例。

9.3.1 案例：用墨刀来画微信的 DEMO

1. 确定主要界面

主要界面的挑选需要根据演示需要而定，页面越多越完善则需要越长的制作时间，而且运行时，由于 DEMO 执行包变大，流畅度也会下降。

我们挑选微信 4 个 Tab 对应的页面作为主要页面，来演示一下制作 DEMO 的过程。

先确定 4 个页面：对话列表页、通讯录、发现、我。其他页面可以在第 5 步再考虑完善。

2. 分析组件

- 公共组件

我们挑选的 4 个页面有 2 个公共组件：顶栏、底部 Tab 栏。顶栏的状态和内容都一样，切换页面的时候不会发生变化，因此制作成一个母版即可。底栏有 4 种状态，切换到每个不同页面时，对应的 Tab 及文字变亮。

- 非公共组件

各页面除了包括公共组件，也包括各自独有的非公共组件。

聊天列表页：除公共组件外，聊天列表页的主要组件是"聊天行"，每个"聊天行"包括头像、聊天名称、聊天内容缩略、时间、消息提醒设置状态。

通讯录：除公共组件外，通讯录包括联系人分组标题、联系人（新的朋友/群聊/标签/公众号的格式与联系人一致，可以用同一个组合来实现）、右侧字母滑栏。

发现：除了公共组件，"发现"标签内可以简单地处理为一个"icon + 文字"的组合。

我：除了公共组件，"我"标签内的页面元素可以处理为 2 个组合，第一行一类，其他行一类。

> ### 比较：组合与母版
>
> - 组合
>
>   几个小组件组成一个大组件，可以分别编辑各小组件的内容和格式，这个大组件在墨刀里命名为组合。
>
>   例如，一个 50*50 的图片 icon 和一段文字组成了一个组合，这个组合仅包含 2 个小组件。组成这个组合的 2 个小组件还有各自的格式：
>
>   图片 icon：尺寸 50*50dp，文字大小 13dp，文本颜色 #101010，如图 9-7 所示。
>
>
>
>
>
>
>
> 图 9-7　重复使用 3 个组合形成一个列表

我们可以单独地修改每个组合,而不影响该组合的其他"分身"。同一个组合还可以使用在不同的页面里边。

- 母版

母版相比于组合,除了也可以包含多个小组件之外,母版还可以包含多个状态。同一个母版在不同的状态下,它的小组件们可以有不同的格式。

例如,一个母版包含 A、B 两个简单的按钮,母版有 2 个状态,如图 9-8 所示。

状态 1:按钮 A 亮,变成绿色;

状态 2:按钮 B 亮,变成绿色。

状态 A　　　　　　　　　　　　　　状态 B

图 9-8　用墨刀制作的一个包括 A、B 两种状态母版

在母版的不同状态的小组件上增加交互,就可以制作成一个公共组件,供不同的页面使用。

与组合不同,如果修改母版内小组件的内容或者格式,所有使用母版的地方都会受影响;而如果修改某个组合内的小组件的内容或者格式,其他使用同一个组合的地方不受影响。

3. 制作页面

先制作公共组件: 完成组件分析后,我们开始制作公共组件,用这些组件来构成页面,避免重复工作,效率更高。

如图 9-9 所示,我们制作了一个包含 4 个状态的底栏母版:状态 1,2,3,4 分别对应第 1,2,3,4 个图标亮起,并且设置了状态之间的转换链接。例如在状态 1 下,点击第二个 Tab 将切换到状态 2,点击第 3 个 Tab 将切换到状态 3,点击第 4 个 Tab 将切换到状态 4。相应的我们再设置好状态 2，3，4 下点击各 Tab 后的转换链接。

这样底栏母版就制作好了。

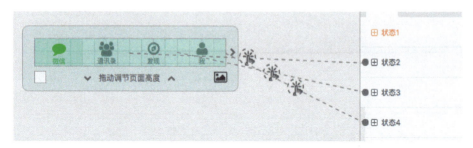

图 9-9　用母版实现的底栏，这个母版包含 4 个状态

制作好底栏母版以后，我们再制作顶栏母版。顶栏只有一个状态，因此比较简单，如图 9-10 所示。

图 9-10　用母版实现的顶栏，这个母版仅包含 1 个状态

制作每个页面：顶栏母版和底栏母版都制作好以后，我们拥有了 2 个母版。

创建 4 个页面，然后在每个页面都拖入顶栏和底栏母版，不同的页面对应的顶栏状态都相同，因为顶栏只有 1 个状态，但是每个页面对应底栏的不同状态。这样我们挑选的 4 个主要页面的框架就绘制好了，如图 9-11 所示。

下一步我们把每一个页面都制作出来。

聊天列表页：这个页面主要是一个组合，我们称之为"聊天列表行"，名称可以自己定义，创建的这个组合包括背景卡、头像、名称、聊天内容缩略、时间、消息提醒设置状态。如图 9-12 所示，利用组合来实现"聊天列表行"组件，利用这个组合可以搭建第一个主页面的内容。

我们在第一个页面内拖入 10 个"聊天列表行"组合，这个 DEMO 就可以展示 10 个聊天行。

10 个聊天行的高度超过了 1 屏，我们可以把屏幕拉长。墨刀支持超过 1 屏以上的内容，编辑状态把屏幕拉长以后，实际展示 DEMO 时并不会

图 9-11　4 个页面使用相同的顶栏和底栏母版

图 9-12　组合列表行组合

显示长长的屏幕，而是通过下拉查看一屏外的内容。10 个相同的组合制作出一个列表页如图 9-13 所示。

如果要让整个页面看起来更加得真实，我们可以把图片及文字素材都替换为虚构的内容。

通讯录：通讯录包括分组字母、联系人、右侧滑栏这几个组件，由于右侧滑栏交互复杂，用墨刀无法实现，因此我们仅仅制作分组字母和联系人这两个组件。由

于分组字母是单个小组件，因此直接用单行文字来实现；联系人包含 2 个小组件，因此可以使用组合来实现。

如图 9-14 所示，我们制作好了通讯录页面的示意图，大家可以自行尝试将各组件中的素材替换为虚拟的人物头像。

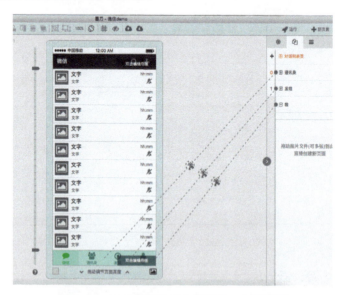

图 9-13　10 个相同的组合制作出一个列表页

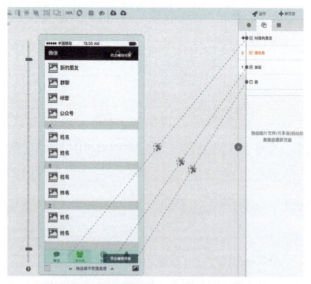

图 9-14　用字母分栏及联系人组合构成"通讯录"页面

发现：发现是一个简单的列表页，因此也可以用简单的组合来实现。最终的结构图如图 9-15 所示。

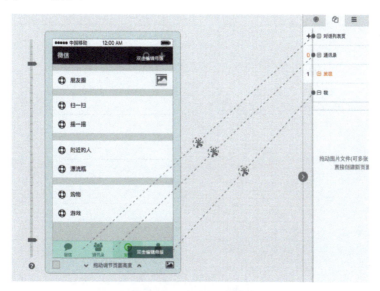

图 9-15 "发现"列表页

我：该页面也是一个简单的列表页，我们可以很快地制作出来，如图 9-16 所示。

4. 设置交互及跳转

各页面及组件制作完成以后，就需要设置页面及组件上的交互动作。墨刀提供的交互设置方式非常简单，以图中的黄线为例，它表示这样一个交互：点击"通讯录"Tab 将跳转至通讯录页面，动作为"（单次）点击"，页面切换方式为"右移入"。我们可以用同样的方式设置其他控件上的交互。如图 9-17 中的 2 根灰线。

5. 完善其他页面

主界面完成后，如果演示过程还需要增加更多的页面，我们可以增加其他的页面，并设置好入口对应的交互及跳转关系。例如：如果还需要演示朋友圈，那么增加一个朋友圈的页面，在"发现"→"朋友圈"的位置增加相应的跳转链接；又例如：需要演示公众号，那么增加一个公众号的页面，在聊天列表页增加跳转至公众号的链接，在"通讯录"的"公众号"

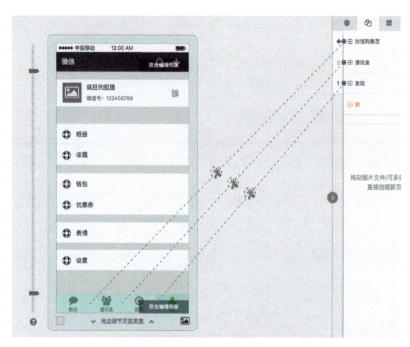

图 9-16 "我"列表页

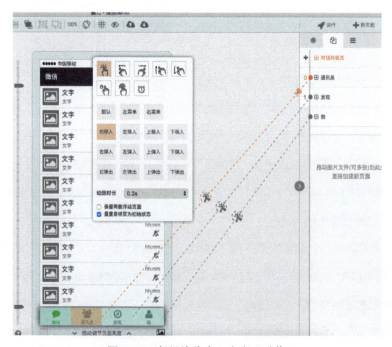

图 9-17 每根线代表一个交互动作

增加后一级页面。大家可以根据自己的兴趣或者工作所需尝试制作更多的页面。

墨刀制作的 DEMO，页面越多、交互及跳转越复杂，运行速度就会越慢。实际使用过程中，我们可以根据自己演示的需要，控制足够数量的页面及交互，不用太过复杂完整。

6. 导出演示 DEMO

DEMO 制作完成后，墨刀支持丰富的演示方式：

- 直接生成二维码，用微信或者移动端浏览器扫码即可查看。
- 生成网页链接，点击链接打开即可查看。
- 导出为一个本地的 APK 文件，可以在安卓设备上安装、查看、体验不同于 Web 实现的原型，而与安卓本地操作类似。如果在墨刀内对 DEMO 有更改，本地安装包提供了实时更新功能，不用重复导出安装文件和重复安装。
- HTML 压缩包：也可以把制作完成的 DEMO 导出为一个 HTML 压缩包，把这个压缩包发给别人，或者挂在 Web 服务器上进行演示。
- PNG 图片：可以把每个页面导出为图片格式供他人查看。

7. 高保真 DEMO：关于图片素材的说明

本案例没有为每个图片及图标（icon）都导入合适的素材，仅仅是一个低保真的示意稿。

如果需要制作保真度较高的 DEMO，需要绘制足够清晰的图片和 icon。

墨刀在制作过程中，使用的像素单位是 dip，这个单位换算成图片像素时需要考虑屏幕的 dpi。屏幕的 dpi 主要由硬件决定，我们每次在墨刀内创建一个应用，都需要选择对应的设备类型（或者自定义屏幕），以告诉墨刀我们要在什么样的屏幕上展示。

我们以小米 Note 为例，它实际的屏幕宽度是 1080 个像素，制作应用时，墨刀是 360dip，也就意味着 1dip = 3px，那么我们在墨刀内，一个

50*50dip 的图片，实际上需要 150*150px 的清晰度，我们需要给这个图片提供 150*150px 的素材才能保证高保真效果。因此，在墨刀创建一个应用时要选择机型如图 9-18 所示。

图 9-18　在墨刀创建一个应用时需要选择机型

墨刀系统提供的 icon 不需要进行像素替换，墨刀在生成 DEMO 的时候会进行转换，只需要保证我们自己导入的图片和 icon 素材是合适的尺寸即可。

大家在使用其他工具时，建议都先查看官方的教程，再开始使用，练习几次以后就能比较熟练地掌握了。

我们制作的微信 DEMO 是一款已经成型的产品，因此我们不需要去考虑它应该包括多少个页面，每个页面该如何排布，信息如何架构，页面之间如何跳转。实际上如果我们从无到有制作一款自己发起的应用 DEMO，前期策划需要的时间会远远多于用来制作的时间。

小结

1. 互联网公司内的研发流程规范精细，一个 APP 的开发实现过程包含多个岗位的努力，产品的成功与否是一个团队协作的结果。精细的流程和出色的协作氛围，是优秀互联网公司的普遍特征。

2. 研发完成的 APP 需要对外发布，发布的主要途径是应用市场。与手机操作系统相对应，我们使用的应用市场主要有两类：苹果的 APP Store；安卓的多个应用市场。在应用市场发布 APP 的步骤总体上很相似，具体的操作细节会有各自的规定。

3. 当我们有一些产品想法时，可以不用急着进入写代码的阶段，利用一些工具来制作产品的 DEMO。常见的工具有 Axure RP、墨刀、proto.io 等，这些工具一般在官网和论坛里都有完整的教程，可以对照教程练习掌握。

作业

1. 找一款你平时经常使用的 APP，列举 2 个使用中体验不佳的点，针对这 2 个点给出改进方案，并且思考你的改进方案会不会有负面影响，如果有，把改进方案的所有的负面影响列出来。

2. 在你的手机里找 3 款最近更新过的 APP，去应用商城或者去应用官网查看最近版本它们各自更新了哪些内容。

3. 在网上搜索并完整阅读苹果公司的应用市场审核标准。

4. 找 3 家安卓应用市场，对比它们的热门榜单（下载量最高的 APP 排名榜），对比 3 家应用市场榜单中下载量最高的 10 个应用，看是否相同，如果不同，有哪些应用在各家榜单的 top 10 中都存在。

5. 在你经常使用的安卓市场，找到下载榜排名第 8 的 APP，查看 100 条评论。

6. 一个电商 APP 现在在线的正式版本包括 3 个底部 Tab，产品经理想让结构变得更加清晰简洁，因此打算取消底部 Tab 栏，把结构重新梳理了一遍，增加左右拉出的抽屉式菜单。新版本已经开发好了，发布的时候需要注意什么？

7. 阅读墨刀官网的所有教程。

8. 挑选一个你常用的 APP，选择 3~8 个核心页面，用墨刀练习制作出这个 APP 的 DEMO 图。

9. 策划一款你想做的日常工具，用纸笔画出主页面的线稿，然后用墨刀工具把主页面的示意图及主要部件的交互效果制作出来。

第六篇

运 营

前面的章节已经为大家讲解了一个 APP 从无到有的过程，然而产品上线并不是结束，而是一个新的开端。如何包装和推广，如何使产品价值让更多用户认同，如何为公司带来持续营收。这些工作都需要专业人士 -- 运营人员来跟进。在互联网中运营人员是跟用户最近的，也是最了解用户的岗位。那么运营的具体工作究竟是什么？岗位如何划分？在这章将为大家讲解。

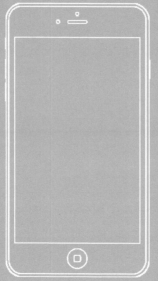

Chapter 6
运　　营

第 10 章　运营推广（线上活动运营）

　　10.1　运营概述　　　　　　　　　　　　　　　212

　　10.2　从零到千万的飞跃—活动运营　　　　　219

　　10.3　H5 与 Banner 的设计　　　　　　　　　　231

10 运营推广（线上活动运营）

本章目标

1. 了解什么是运营及运营的目标。
2. 熟悉常见运营手段和运营岗位。
3. 掌握策划线上活动的流程，尝试策划一个完整的线上活动。
4. 学习如何设计 H5 页面和 Banner。

关 键 词

运营目标　　运营手段　　活动使用场景　　策划活动

H5 营销　　Banner

10.1 运营概述

10.1.1 运营的定义

宏观来讲，所有商业产品在某种规则下正常运作都叫运营。例如，地铁线路需要运营人员在一系列规则制度下进行操纵才能保证有条不紊的运作。

在互联网中，针对不同群体推广产品，进行内容建设，并通过数据指标优化运营手段、产品功能与体验等行为，称之为运营。运营时对用户群体进行有目的的组织和管理，增加用户黏性、用户贡献和用户忠诚度，有针对性地开展用户活动，增加用户积极性和参与度。运营是以目标为导向，数据为基础的工作，一切工作都围绕着产品、用户和渠道来进行。运营的目标是扩大用户群，提高用户活跃度，改进产品体验和探索盈利模式、增加收入。运营的三要素和运营目标如图10-1所示。

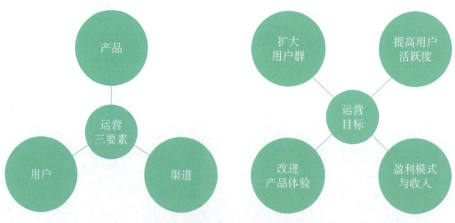

图10-1 运营三要素和运营目标

为了达到运营目标，运营经理需要与产品经理、设计师等进行配合，很多人不理解产品经理和运营经理的工作区别。打个比方，产品经理想推出一种咖啡，设计师和程序员把这种咖啡制作出来，这时候就需要运营经理对咖啡进行包装和推广，以及向产品经理反馈用户对咖啡的意见对其进行改进，等等。

如图 10-2 所示，简单地描述产品经理、运营经理和设计师的工作关系。

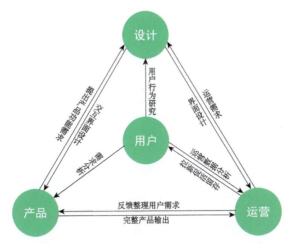

图 10-2　产品、运营、设计工作关系图

10.1.2　运营工作内容及岗位

从产品的角度讲，运营贯穿了整个产品生命周期，并根据产品的变化而调整。所谓产品生命周期，是指产品从进入市场开始，直到最终退出市场为止所经历的市场生命循环过程。典型的产品生命周期可分为四个阶段，即引入期、成长期、成熟期和衰退期。每个阶段的运营重点都是不同的。产品生命周期如图 10-3 所示。

> **互动：** 试着分析一款你常用的 APP 经历的产品生命周期。

引入期：这一阶段是产品的初创阶段，运营人员小范围推广产品，验证产品方向，并迅速调整，完善产品功能和体验。

成长期：这一阶段产品已经有了较为明确的方向，运营人员要把工作重点放到提升产品品牌知名度，内容建设和推广产品获取更多用户上。

成熟期：产品已进入稳定期，用户数增长速度放缓。此时运营重点目标则是活跃老用户，防止老用户流失，同时提高营收。

衰退期：这一时期，用户数和营收均下降。做好用户回流工作，产品创新与转型则是重点。

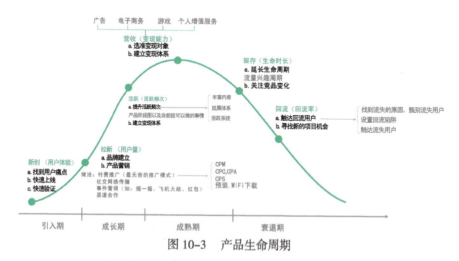

图 10-3　产品生命周期

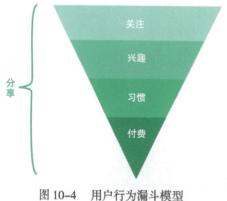

图 10-4　用户行为漏斗模型

从用户的角度讲，用户在使用某一产品时往往遵循一定的自然规律，这个规律可以通过用户行为漏斗模型（见图 10-4）来表现。用户行为分为四个阶段：关注产品，对产品产生兴趣，形成使用习惯，产生付费行为。每一阶段均有用户流失，运营人员需要针对用户的不同行为制定相应的运营策略。

根据产品生命周期和用户行为漏斗模型，可以将运营目标细化成以下四个可量化的指标：拉新、留存、促活、营收。

拉新，即为产品带来新的用户，可以是为 APP 带来下载和注册，或为微信公众号带来粉丝等。拉新的常用手段有：搜索引擎优化、广告投放、渠道合作、社交媒体推广，软文推广等。

> **名词解释**
>
> 搜索引擎优化：英文缩写SEO（Search Engine Optimization）是指通过对网站内部调整优化及站外优化，使网站满足搜索引擎收录排名需求，在搜索引擎中提高关键词排名，从而把精准用户带到网站，获得免费流量，产生直接销售或品牌推广。

留存，想办法留住想走的用户，可以通过两种类型的运营方式：一方面是优化产品内容与机制，例如以内容为核心的产品，需要不断提供优质的内容才能持续吸引用户，或利用新用户引导等方式，使用户更好地理解产品，从而留下来使用；另一方面，可通过策划活动同用户产生互动，例如签到、社区活动等。留存所对应的指标叫做留存率，可以再细分为次日留存、7日留存等。

> **名词解释**
>
> 留存率：这部分用户占当时新增用户的比例即是留存率，会按照每隔1单位时间（例如日、周、月）来进行统计。顾名思义，留存指的就是"有多少用户留下来了"。留存用户和留存率体现了应用的质量和保留用户的能力。

促活，促进用户活跃，让用户使用产品的频率更高，增加用户黏性，可以用等级设置、激励体系、积分制度等增加长期活跃性。对于已流失的用户，可使用站内信、邮件、短信等手段召回用户。

涉及商业变现的产品，还有一个运营指标是营收，其实促进营收的本质是通过增加付费用户和提高付费用户的活跃度来实现的。

名词解释

活跃用户：是相对于"流失用户"的一个概念，是指那些会时不时地光顾下网站，并为网站带来一些价值的用户。流失用户，是指那些曾经访问过网站或注册过的用户，但由于对网站渐渐失去兴趣后逐渐远离网站，进而彻底脱离网站的那批用户。活跃用户用于衡量网站的运营现状，而流失用户则用于分析网站是否存在被淘汰的风险，以及网站是否有能力留住新用户。

图 10-5　常见运营手段

图 10-5 为大家展示了一些常见的运营手段，互联网日新月异，日常工作中还需继续探索其他的手段。

运营工作是杂而多的，不同类型的产品运营方式不同，所需要的运营岗位也不同。比如各类新闻客户端，是以优秀的内容为核心来运营的；社区型产品如辣妈帮，虎扑则更重视社区运营和 UGC 用户运营；电商产品多使用活动运营来增加营收。

名词解释

ASO：(App Store Optimization) 就是提升你 APP 在各类 APP 电子市场排行榜和搜索结果排名的过程。类似移动 APP 的 SEO 优化。

常见的运营岗位有用户运营，内容运营，活动运营，社区运营，市场运营，新媒体运营，电商运营，数据运营，商务运营等。根据产品需要，一般会出现一职多人或者一人任多职的现象。

每个运营岗位都是值得研究的，在这里我们不做深入讲解。

> **名词解释**
>
> UGC：（User Generated Content），用户生成内容，UGC 的概念最早起源于互联网领域，即用户将自己原创的内容通过互联网平台进行展示或者提供给其他用户。

10.1.3 运营工作方法论

1. 如何让运营手段更能抓住人心

我们总说产品要找到用户的痛点，运营要迎合用户需求，那么痛点究竟是什么？追本溯源就是研究人性。一款好的产品及运营，一定能迎合人性七宗罪中的其中一。这句话来自于 Linkedin 的创始人，同时也是硅谷异常成功的风投家 Reid Hoffma。

下面我们提取出比较常用的人性特点，并加以解释。

色欲：用户的原始刚需，图片社区中，美女图片的点击率往往最高；直播类产品，美女主播总是能吸引更多的人关注；社交类产品常结合 LBS 来设计功能，如微信摇一摇、陌陌等。

虚荣：用户都有攀比炫耀的心理，也是产品功能策划和运营最常利用的，例如 QQ 的等级，会员等增值服务可以点亮图标，或者微博的粉丝数，加 V 等。

贪婪：给用户的比用户预期的更多，让用户觉得赚到了。例如各种红包活动铺天盖地，电商的团购，秒杀功能，都是利用用户这一特点。

懒惰：不要思考，降低认知门槛，操作便捷，例如全选功能，一键下单功能，二维码，下次自动登录功能等。

图 10-6 所示为大家列举利用人性弱点的产品功能和运营方式。

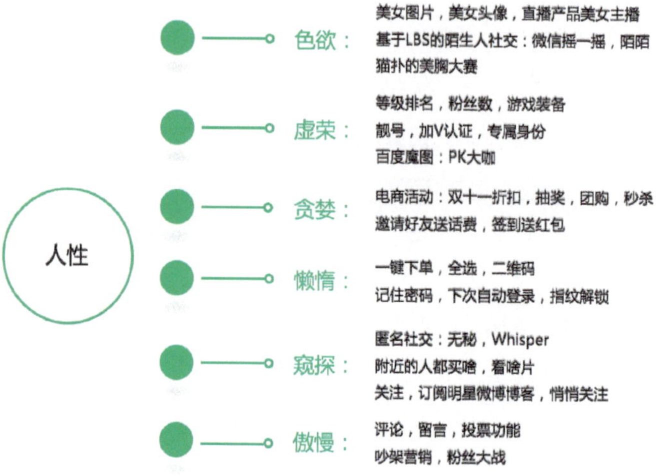

```
         ┌─── 色欲：  美女图片，美女头像，直播产品美女主播
         │          基于LBS的陌生人社交：微信摇一摇，陌陌
         │          猫扑的美胸大赛
         │
         ├─── 虚荣：  等级排名，粉丝数，游戏装备
         │          靓号，加V认证，专属身份
         │          百度魔图：PK大咖
         │
         ├─── 贪婪：  电商活动：双十一折扣，抽奖，团购，秒杀
  人性 ──┤          邀请好友送话费，签到送红包
         │
         ├─── 懒惰：  一键下单，全选，二维码
         │          记住密码，下次自动登录，指纹解锁
         │
         ├─── 窥探：  匿名社交：无秘，Whisper
         │          附近的人都买啥，看啥片
         │          关注，订阅明星微博博客，悄悄关注
         │
         └─── 傲慢：  评论，留言，投票功能
                    吵架营销，粉丝大战
```

图 10-6　利用人性的产品功能举例

产品离不开用户，对"人"的探索是永无止境的，心理学的理论还有更多可以借鉴研究的，在工作和实践中，运营人员需要建立并完善自己的理论体系，使用时才能游刃有余。

2. 数据化运营

前面提到运营是以数据为基础的工作，数据分析能力也是运营人员的必备能力之一。为什么数据化运营如此重要？产品的运营状况是通过数据表现出来的，监测日常的数据，可以判断产品所处的阶段，面临的问题，是否良好的发展等；数据常用于反馈运营手段的效果；基于数据的运营决策更可靠，通过数据驱动的方法，运营人员能够判断趋势，从而展开有效行动，帮助自己发现问题，推动创新或解决方案的出现。

一个互联网产品的数据可以分为产品数据和用户数据。

（1）产品数据

- 用户注册：包括下载量、注册激活用户数、APP 打开数、新增注册数等；

- 用户留存：留存率、使用留存、购买留存等；

- 用户活跃：活跃用户数，注册活跃转化率，APP 启动次数，访问频率，浏览时长等；
- 营收数据：付费用户数，付费转化率，付费金额，付费频次等；
- 功能数据：每日评论用户数、交互反馈次数（收藏、分享、喜欢等功能）。

（2）用户数据

- 用户画像：性别、职业、学历、年龄、地域、使用设备、操作系统、消费行为等。

不同的产品形态、产品阶段和运营手段，所需要分析的数据指标均不同。拿到数据后，运营人员需对数据进行梳理归类，有目的地进行分析。

10.2 从零到千万的飞跃——活动运营

10.2.1 什么是活动运营

活动运营是最常见的运营手段之一。通过开展独立或联合的活动，使拉新、留存、促活和营收的指标在短期内提升。活动效果会随着时间的推移逐渐减弱，所以，策划活动时要把握好节奏，不宜过长。活动的考核指标为目标达成情况，如参与人数、转化率等。

在传统行业中，通过短期活动促销往往能带来一定的人气增长，销售额增加；而这一模式到了互联网时代，更是展示了其多样性和灵活性的特点，利用社交网络的病毒式传播，活动展现了其惊人的效果。例如：春晚微信摇红包，神州专车撕逼 Uber 等。不过随着网民整体意识的提高，以及活动运营已经成为所有企业都重视的领域，所以活动策划再也不能靠着粗犷式、模版式的制作了，而更应该是一项细水长流精雕细琢的工作，需要我们在日常的运营中不断的积累。

从互联网的角度讲，活动包含线上活动、线下活动或两者结合。线下活动一般作为线上活动的补充，所以这里我们主要为大家介绍线上活动。什么时候适合策划活动呢？

10.2.2 活动使用场景

活动并不是越多越好，太频繁的活动会导致用户疲态，不仅增加自身的工作量，也会积累很多无效用户，所以活动更重要的是讲究时机。下面就为大家介绍几种常见的活动场景。

第一种：常规活动

这种活动为日常活动，用于有针对性地提高某一指标，或者新功能推广。活动形式有签到、邀请好友、新用户福利等。下面为大家举一些常见的案例。

图 10-7　同程旅游 iOSV8.0.5- 签到活动

如图 10-7 所示，"同程旅游"签到活动：用户通过签到获得虚拟货币"游币"和成长值。"游币"可在预订宾馆，购买旅行套餐时抵现金，也可以用于商城中优惠券或实物兑换；成长值的积累，用户可以升级享有更多特权。

这是典型的签到结合用户激励的方式，吸引用户每天跟产品互动，培养用户的产品使用习惯，从而提高用户活跃度及留存率。虚拟货币具有实用价值，能促进消费转化。

图 10-8　加号财富微信和 APP- 推荐好友有奖活动

图 10-8 所示为"加号财富"的推荐有奖活动，老用户分享二维码到社交平台，新用户扫码加入，老用户即可获得"加币"。"加币"可以用于游戏和线下优惠活动，进一步转化。这个活动对拉新和提高用户留存的效果都不错，并且大大增强了用户黏性。

邀请好友有奖活动是常用的拉新方法，本类活动利用福利推动用户进行传播，并且利用社交平台进行裂变，老用户因推荐了新用户而获得奖励，新用户也会因为老用户的推荐而能低价体会到福利，这是一个双赢的局面，熟人推荐类似于口碑传播，成功率更高。因此这类活动在预算足够内，可以达到很好的传播度，并能产生良性的循环。

图 10-9　滚雪球 iOS V3.0.0– 新手有礼活动

图 10-9 所示的是"滚雪球"APP 新用户注册送礼包和开户送红包的活动。前者用于拉新和留存，后者用于新功能的推广。

新手有礼类活动利用社交平台传播，既可以用于拉新、留存，也可以用于新功能的推广，通过短期利益刺激用户转化。活动策划时，除了要平衡奖品的吸引力还需注意新用户注册或新功能使用的难度，让福利的价值最大化。

第二种：节日

> **互动**：头脑风暴——春节可挖掘的运营点。

这个时间点是最容易被用户认可的，传统的商场等也在节假日打折促销，符合人们的习惯，这里所说的节假日是广义的，包括法定节日、人为创造的节日、季节变化、店庆、体育赛事、颁奖典礼等。常见节日举例如图 10-10 所示。

常见节日	举例
常规节日	春节，情人节，圣诞节，母亲节，劳动节，等等
造节日	双11，双12，520告白日，等等
店庆活动	天猫店庆，京东店庆，周年庆，等等
季节变化	换季清仓，节气，春夏秋冬交替，等等
体育赛事	奥运会，欧冠，世界杯，NBA，等等
颁奖典礼	奥斯卡，格莱美，电影节，等等

图 10-10 常见节日举例

每个节日都有其自带的属性，比如说到春节就会想到春运，说到双 11 就会想到打折促销，说到中秋节就会想到团圆，等等。利用节假日的情感共鸣，设计出的活动往往会达到意想不到的效果。

现在跟团、自驾出游已经越来越受年轻老少的喜爱，除了国庆节、春节等长假出行季外，像清明、五一等短假期也受到大家的追捧，"去哪儿旅行"利用这个时间点，推出一系列促销活动。在短假期，多数人会选择周边游、市内游等形式，因此整合资源以市内景点、周边景点低价门票、短线推荐为主。专题页面元素也以绿色、踏青为主，符合当前活动场景需求。例如，去哪儿旅行的清明活动专题如图 10-11 所示。

图 10-11 去哪儿旅行 iOSV4.8.7- 清明活动专题

图 10-12 所示的是"爱分享"团队在情人节推出的借势营销活动，借助微信朋友圈和微博平台，得到快速传播。其参与成本低，互动性强。输入名字即可生成结婚证，保存图片可分享到社交平台。"爱分享"团队逆向思维策划出"单身"这一弱势群体用假结婚证"反击"情侣。当天结婚证生成量超过 1000 万，微博搜索量 400 万。

图 10-12　爱分享 – 情人节活动

第三种：突发热点事件

除了固定的节假日以外，突发的社会热点事件更能引起人们的广泛关注，热点事件极具话题性，短期爆发力强，能迅速传播。比如：汪峰上头条，冰桶挑战赛，雾霾图片等，我们只需要顺势而为，推波助澜即可。但要注意热点事件往往消退得也很迅速，对于这种无固定时间的策划，一定要保持高敏感度。同时也要注意正确利用情感倾向，不宜弄巧成拙。热点举例如图 10-13 所示。

热点	举例
民生类	与我有关的话题，生老病死的话题，等等
公益类	环保，支教，老人，儿童，宠物，等等
娱乐类	明星八卦，热门参与，笑话段子，等等
敏感话题	权利，金钱，色情，等等
技术趋势	VR 技术，人工智能，科技公司新品发布，等等

图 10-13　热点举例

下面举两个针对热点策划的活动案例。

如图 10-14 所示，参与者要将一桶冰水对自己从头浇下，将视频传到网上，并点名三位好友参加挑战。被点名者必须在 24 小时之内完成这项任务，否则就被要求向公益机构美国 ALS（肌萎缩侧索硬化症，患者俗称渐冻人）联合会捐款 100 美金。热点在网络被广泛传播后，微公益平台借势推广为瓷娃娃罕见病关爱中心捐款的公益活动，短短 4 天，冰桶挑战的微博话题阅读量已经超过 7 亿，通过微公益平台的网友超过 4000 人，捐款总额达到 137 万元。来自商界、娱乐界和体育界的明星都在参与。

图 10-14　新浪微公益 - 冰桶挑战赛的慈善活动

如图 10-15 所示，武媚娘传奇热播期间，"天天 P 图"借势推出变妆 H5 活动"全民 COS 武媚娘"，只要上传照片就可以一键拥有武媚娘的经典妆容，虽然没有什么太复杂的设计，但抓住了人们炫耀的心理。通过这个活动，新浪微博热门话题＃全民 COS 武媚娘＃阅读量达到了 1.4 亿，其软件的下载量实现超大幅的增长。

图 10-15　天天 P 图 – 全民 COS 武媚娘活动

10.2.3　如何策划线上活动

一个完整的活动包含四个阶段：准备阶段、策划阶段、执行阶段和总结阶段，如图 10-16 所示。下面将描述每个阶段的细节和注意点。

图 10-16　策划活动四阶段

1. 活动前的准备（准备阶段）

策划活动不是盲目的，在着手策划一个活动前，要明确活动的需求。需求包含的要素有：目的、人群、平台、机会点。

首先要明确活动的目的是什么，一般来说每个活动都服务于一个核心目标，例如：推广品牌、拉新用户、促进消费、提升用户活跃度，等等。

然后确认本次活动的目标群体，当产品具有一定量级后，很难覆盖全部用户，针对不同的群体设计不同的参与条件，做到投其所好，精准性更强。

最后不同平台的活动形式也有差异，随着移动互联网的火热，依托于手机的交互更具多样性，活动也有更多可以发挥的地方。

机会点即看有没有可以借势的热点发生，比如正处于世界杯期间，可以把拉新活动与世界杯结合，球迷大狂欢，注册双倍积分等。

通常情况会将活动目的量化为数据指标，并且作为最终判断活动是否成功的依据。

2. 活动方案策划（策划阶段）

明确了需求，接下来就是策划完整的活动，确定具体的活动时间，活动内容，完善活动规则、文案及活动流程，确认奖品及协调推广资源。策划活动方案时应注意以下几点。

- 流程简单，文案清晰

活动的操作流程应简单直接，跳转不宜过多，活动规则要简明易懂，不需要用户研究就能明白是什么活动，可以获得什么好处。文案描述清晰，不宜啰唆，不应使用户产生歧义。

- 吸引力

活动要具有吸引力，可以是具有趣味性的活动，也可以通过奖励等手段吸引用户参与。设计界面时要突出用户收益。

- 适时反馈，精神激励

用户操作后要及时给予反馈，告知用户操作成功且已被记录，比如签到后显示签到天数增加和所获得的奖品等。同时活动页面也需要打造热闹的氛围，例如动态展示参与人数，获奖用户轮播等。

3. 活动执行（执行阶段）

活动上线后需要做好三点工作：

- 客服跟进，在活动期间往往会产生大量的咨询，需第一时间解决用户疑难，平息用户情绪。
- 监控数据，随时调整以保证活动质量和预期。
- 公布活动结果和进行活动善后，例如抽奖类活动的奖品发放等，防止虎头蛇尾，使用户感觉被欺骗。

4. 活动总结（总结阶段）

活动结束后的总结工作也尤为重要，通过用户参与情况和数据来判断活动是否达到了目标，总结活动经验，提炼亮点和失误点，为下次活动做准备。活动总结报告一般是呈现给上级或团队分享使用，可结合第二章数据可视化的表现形式来进行制作。

10.2.4 案例分析

案例一：以新浪微博刮奖活动为例，介绍活动策划的思考过程与设计活动页面时需注意的内容。

- 活动类型：游戏
- 活动目标：提升用户活跃度
- 目标人群及切入需求：针对老用户，利用逐利的用户心理
- 活动时间：愚人节，7天活动（策划活动时要写清活动开始时间，结束时间，奖励发放时间，领取时间）
- 平台：手机
- 交互方式：模拟真实的刮奖操作，简明易懂
- 规则制定：每名用户每天可以参与 5 次刮刮卡活动，第一次免费。完成某些指定任务可以获得更多抽奖机会（规则应尽量详细，可部分展示在页面中）
- 奖品设置：根据预算控制奖品数量和中奖概率，头奖要吸引眼球，配合普通奖品，增加用户获奖信心
- 文案与视觉设计：标题醒目、规则明确、页面简洁，结合活动主题渲染氛围
- 页面布局：如图 10-17 所示

第10章 运营推广

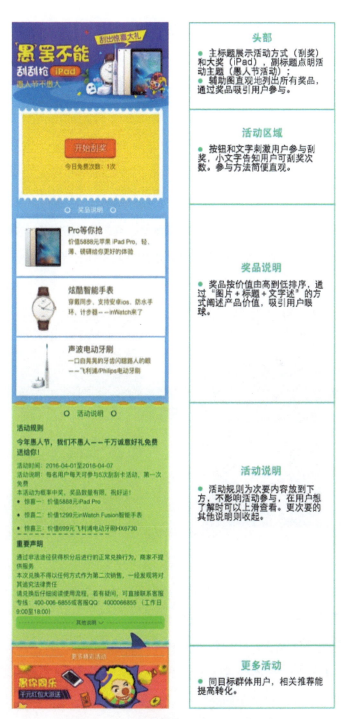

图 10-17 "新浪微博"愚人节刮奖活动

- 活动指标：参与人数，传播度（分享数），任务完成度，活动期间的活跃用户数等

> **互动：** 找几款 APP，分析它们的签到活动的玩法有什么不同。

案例二：小雨伞保险的元宵节活动，以元宵节的传统猜灯谜为切入点，猜对可以得到奖品，目标是拉新和促活。

如图 10-18 所示，为了避免用户从网上找到答案，灯谜是小雨伞运营人员编写的，但是由于大部分商家都在做此类营销，用户没有新鲜感，参与度低，参与人数只有 3000。经过调整后，将文字灯谜换成了图片"找元宵"，参与人数 100000 人，增长了 30 倍。

图 10-18 "小雨伞保险"元宵节猜灯谜活动

为什么页面不变，只是更换了题目，就出现了这么明显的差别呢？

- 图片对用户视觉的吸引力优于文字。
- 因为汤圆和元宵的区别，大多数人是不知道的，或者认为二者是同一种食物，这个题目挑战了用户的习惯性认知，本身就具有话题性。
- 元宵节正好是过年期间，12306 火车购票系统的图片验证码余温还没散去，汤圆和元宵的图片形式和验证码类似，自然会引起关注。

10.3　H5 与 Banner 的设计

10.3.1　H5 的表现形式

自从 H5 技术诞生以来，它的跨平台、易传播的特点受到了运营人员的广泛关注，特别是在围住神经猫、2048、别踩白块等小游戏引爆朋友圈之后，其各种创新形式层出不穷。

那么 H5 究竟是什么呢？我们所说的 H5 其实是指第 5 代 HTML，也泛指利用 HTML5 语言制作的页面。H5 的优势在于，开发与维护成本低，但交互效果十分丰富，多媒体形式灵活；它的本地储存特性更适合移动端，不占空间且打开速度快；最显著的优势则是它的跨平台性，可以兼容 PC 端与移动端、Windows 与 Linux、安卓与 iOS。它可以轻易地移植到各种不同的开放平台、应用平台上，利于传播与分享。

由于微信客户端对 H5 代码的原生支持，现在的 H5 已经演变成用于在微信进行传播分享的营销产品，是运营推广、品牌宣传最常用的表现形式，许多 H5 制作平台如兔展、初页、易企秀等的出现大大降低了 H5 的制作门槛。现阶段的 H5 拼的是创意和设计，这一节将通过一些案例来介绍 H5 的设计思路。

H5 按功能形式可以分为活动运营型、品牌宣传型、产品介绍型、总结报告型；按目标可以分为功能引导型、数据带量型和传播曝光型，如图 10-19 所示。制作 H5 之前一定要确认活动形式和目标，设计时才能不走偏。

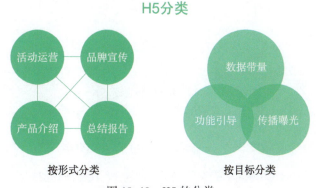

图 10-19　H5 的分类

在确定了专题页的功能与目标之后，接下来的设计阶段尤为关键。设计师需要考虑到具体的应用场景和传播对象，从用户角度出发，思考用户的分享动机。用户分享动机可分为以下五种情况。

- 利益相关：通过任何有奖方式促使用户分享。
- 有所收获：通过传播的内容，可以学习自己感兴趣的知识或进行自我提高。
- 身份认同：内容会使某一类型人产生身份认同和归属感，说出他内心的想法。
- 成就吸引：通过朋友之间进行竞技，满足用户炫耀的心理需求。
- 情感共鸣：通过故事产生情感上的共鸣，从而产生集体回忆的分享冲动。
- 借助热点：借助当前热点，吸引用户眼球。

除了依靠分享动机来让用户进行传播，从设计上讲，在衬托主题的大前提下，可以通过趣味化的页面、丰富的动效、循序渐进的引导等方式，来更好地吸引用户读下去，进一步产生分享的冲动。

以下列举几种常见的 H5 专题页表现形式，如图 10-20 所示。

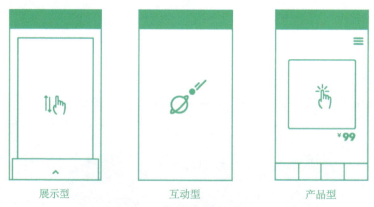

图 10-20　H5 页面表现形式

1. 展示型

最基本的 H5 专题页形式，一般包含简单的图片和文字，图片可以是照片、插画、GIF 等，通过翻页等简单的交互操作。此类 H5 由于没有酷炫的交互动效，在图文创意、讲故事和场景化引导方面要多花心思。

从最早的支付宝十年账单,到近期的我和我的微信故事(见图 10-21),都在朋友圈引起热议。这类总结型 H5 帮用户梳理出过去的点点滴滴,虽然只有图文展示,但能跟用户过去的行为绑捆在一起,通过跨越时间的接触,让用户感触颇深,最后通过社交媒体分享和传播,引起了短时间的爆发。

图 10-21 我和我的微信故事

如图 10-22 所示,途牛的这个 H5 主打情感,因为亏欠太多所以更想去兑现。通过不同手势的约定:情人的牵手约定、父女的拉钩约定、兄弟朋友的击拳约定、父母的握手约定,反映兑现的决心,最后还有个按手印进一步表明决心。页面设计

图 10-22 途牛旅游 纪念 APP 下载过亿

和谐，配色温馨。

2. 互动型

互动型的 H5 页面的常见形式有邀请函、贺卡类，问答测试类和游戏类。此类 H5 因其趣味性、参与感和社交性，更易传播与分享。但是目前游戏的同质化严重，缺乏新意，在设计时应多思考新的游戏方式。

> **互动：** 找几个优秀的 H5 推广活动，分析它们的亮点。

如图 10-23 所示，智联招聘的活动预热 H5，将 Gala 乐队的《追梦赤子心》进行了重新伴奏，并撰写出多个有关职场的搞笑歌词。网友可随机选择歌词搭配，进行"鬼畜式的演唱"，网友自创"职场神曲"。分享后，页面自动跳转至活动报名。这个 H5 游戏利用音效和页面双互动，形式新颖，充满趣味性。

图 10-23　智联招聘 职场神曲 DIY

如图 10-24 所示，小牛电动车通过抖脚综合症的焦虑测试，把青年焦虑感进行趣味性的表达,激发用户分享热情,从而达到品牌曝光的作用。

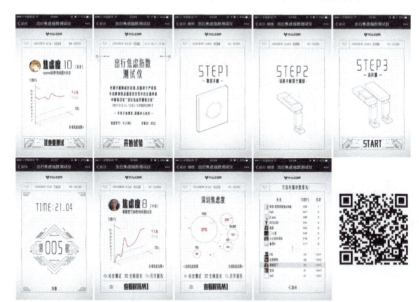

图 10-24 小牛电动 抖脚综合症测试

3.产品型

利用 H5 实现整个产品功能,例如微信中的京东购物,如图 10-25 所示。

图 10-25 京东–微信端

由于 H5 页面的使用场景,大部分在微信上传播,因此要符合微信的相关政策:以奖励或其他方式,强制或诱导用户将消息分享至朋友圈的行为属于严重违规并影响用户体验的行为,一经发现将根据违规程度对该公众账号采取相应的处理措施。奖励的方式包括但不限于:实物奖品、虚拟奖品(积分、信息)等。

10.3.2 成也 Banner 败也 Banner

Banner 代指任何投放于线上（PC 端、移动端）的各种尺寸和形状的广告图，我们在网页上所看到的各种形状尺寸的图片基本都属于 Banner。Banner 不单独使用，通常是作为品牌宣传的广告，电商产品推广的链接，或者主题活动的入口，并直接影响用户参与度。一个活动设计得再有趣，如果引导 Banner 太过平庸，也会导致活动效果不佳。

不同类型的 APP，以及不同的位置，Banner 的尺寸都是不同的，宽度一般为手机屏幕的宽度，高度根据不同要求来调整。设计时的一般做法是，设计师做一张最大的图，技术人员再适配到不同的机型即可。图 10-26 所示的是手机淘宝首页 Banner，首屏 Banner 比例为 750*234px，中间的通屏 Banner 比例为 750*150。

图 10-26　手机淘宝首页 Banner

优秀的 Banner，除了我们常说的好看以外，还要具备跟用户沟通的能力。第一，Banner 是用来传达信息的。当用户在无意识地浏览中看到你的 Banner 的时候，是否能够第一时间抓住眼球，能否通过一张图片让用户了解到你要表达的内容。第二，Banner 是用来暗示用户下一步行动的。无法让用户产生你所期望的行动的 Banner 都是无效的。总结来说，有效地传达信息并促成用户行动，同时兼顾美观的 Banner，才是优秀的 Banner。

那么如何设计 Banner 呢？经过前几章的学习，我们已经了解一个互联网产品是如何设计的，其实 Banner 的设计思路和产品的设计思路是一致的。Banner 设计流程如图 10-27 所示。

图 10-27　Banner 设计流程

首先，要了解 Banner 图是针对什么活动出于什么目的而设计的，要传达什么信息，并且定义出信息的优先级。

> **互动：** 找几个 Banner 图，评价它们的优缺点。

继而，确定文案及设计方向，需注意一个细节，用户的阅读习惯是从上到下，从左到右，视觉重心是图片高于文字，动态高于静态的。所以要合理安排重要内容，并引导用户从视觉焦点关注到其他细节上。

最后才是视觉设计排版，要注意素材选择合理，文字直观表达内容，背景烘托气氛而不影响主体，颜色和谐。

完成初稿后，再与运营人员讨论并完善。所以做 Banner 的大部分精力要用来梳理，目标明确才能一气呵成。

Banner 一般包含文案（标题）、主体物、背景、引导 Button 中的一种或多种元素。这些元素的搭配体现了设计师的设计表现力，下面列举一些常见搭配方式。

- 内容专题多采用文案 + 主体物或文案 + 背景的形式，更强调 Banner 的整体性及代入感。示例如图 10-28 至图 10-31 所示。

图 10-28 豆瓣音乐人专题

图 10-29 搜狐新闻春运专题

图 10-30 网易云音乐专题

图 10-31　礼物说 APP 内容专题

- 电商多采用文案＋主体物＋背景的形式，价格、促销等能给用户带来利益刺激的文字会更加突出。示例如图 10-32 至图 10-35 所示。

图 10-32　天猫国际 Banner

图 10-33　天猫超市 Banner

图 10-34　京东金融 Banner

图 10-35　京东首页 Banner

- 活动多采用文案＋主体物＋引导 Button 或文案＋背景＋引导 Button 的形式，促进用户点击，提高转化率。示例如图 10-36 至图 10-39 所示。

图 10-36　嗒嗒巴士活动 Banner

第 10 章 运营推广

图 10-37　拉勾网活动 Banner

图 10-38　卖座网电影票红包

图 10-39　滚雪球 APP 邀请好友活动

小结

　　运营所覆盖的工作内容繁多且变化迅速，一章的篇幅是远远不够的。这里只能作为抛砖引玉，让大家对运营有个宏观的认识。如果你感兴趣，不妨查阅相关资料自我提升或者从事运营的工作。同时也希望其他职位的人员在工作中能够与运营人员更好地沟通与配合。

学习完本章，要了解互联网运营的核心目标为扩大用户群，提高用户活跃度，改进产品体验和探索盈利模式、增加收入。运营指标包括拉新、留存、促活、营收。活动运营的使用场景是常规活动、节日、突发事件。掌握策划活动的流程中前期准备、活动方案策划、活动执行和总结阶段应该注意的地方，熟悉 H5 页面的设计和 Banner 的设计。

作业

为你的便签 APP 策划一个拉新活动，并设计一个活动 Banner。

参考资料

1. 张亮《从零开始做运营》出版社：百度阅读

2. 腾讯 ISUX – 鱼小干《那些过目不忘的 H5》网址 https://isux.tencent.com/great-mobile-h5-pages.html（2015 年）

3. 陈婷婷《七情六欲聊运营——如何做更懂用户的产品运营》网址：上篇 http://djt.qq.com/article/view/1373 下篇 http://djt.qq.com/article/view/1374（2015.5.27）

4. Heidixie https://www.zhihu.com/question/20946174　知　乎（时　间：2014.8.14）

推荐书籍

- 乌合之众 大众心理研究 . [法] 古斯塔夫·勒庞 . 新世界出版社
- 谁说菜鸟不会数据分析 . 张文霖、李夏璐、狄松 . 电子工业出版社
- 参与感 . 黎万强 . 中信出版社
- 影响力 . 罗伯特•B• 西奥迪尼 . 万卷出版公司
- 让创意更有黏性 . 奇普•希思 . 中信出版社

第七篇

服务设计

本书前面介绍了一个 APP 从设计到实现的过程，本章主要是介绍面向涉及线上线下结合的业务（我们常说的 O2O 行业）的设计时，APP 本身是要融入到一个更大的经营策略范围中去的，而我们在对这个更大、更宏观的体系进行设计时，就需要引入服务设计的思维。本章就将对服务设计这个领域进行介绍，以期各位读者在学习本章后能运用一些基本的方法和工具提升现有的商业服务体验，甚至能打造出全新的服务体验，最终为商业和用户创造双赢的价值。

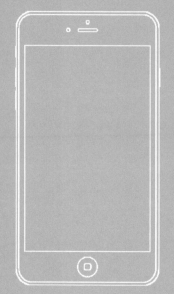

Chapter 7
服务设计

第 11 章　服务设计思维
　　11.1　概念　　　　　　　　　　　　　　　　　　　246
　　11.2　设计流程　　　　　　　　　　　　　　　　　252
　　11.3　工具箱　　　　　　　　　　　　　　　　　　256

11 服务设计思维

本章目标

1. 了解服务设计的概念和意义
2. 熟悉服务设计的流程，以及在流程每个阶段需要注意的地方
3. 了解并学会使用常见的服务设计工具

关 键 词

服务设计　　O2O　　触点　　全局视角　　商业价值

服务蓝图　　顾客旅程图

11.1 概念

服务设计的定义

去过星巴克的读者想必或多或少都知道星享卡——一种会员卡，会员可以凭借此卡进行积分、兑换，如果用优惠券还需要携带纸质券。最近他们把星享卡电子化了，也即通过 APP 来代替实体卡，进行积分、兑换礼品、优惠券的使用等，甚至在海外地区还能用 APP 展示二维码以便使用卡里面的余额来进行支付。在这里，这个 APP 本身是星巴克提供的服务的一个重要组成部分——具体而言就是会员体系的新载体，也就是说，这个 APP 本身是融合在整体服务当中的，包括会员运营、咖啡产品、就餐环境，等等，脱离开这些单独讨论 APP 本身是没有太多意义的。那么为了创造更多的价值，真正解决顾客的问题，就要从比 APP 更高、更全面的视角来进行思考和设计，这就是服务设计思维。

服务设计这个概念从提出到现在，行业内其实并没有一个相对明确的定义，因为这个领域还处在进化发展中，是一个动态前进的事物，而一旦有了定论反而会限制住它的发展。目前业内对它较为全面的解读是：

服务设计是一种新兴领域，主要关注通过有形、无形媒介的结合形成细致考量过的体验设计过程。它已经在实践中为各种传统线下行业都带来了更优良的用户体验。

它是一个跨领域的、重实践的学科，对设计师有着需要具备更全面技能的要求。它往往包含了新的商业模型、用户需求的满足甚至还能创造出新的社会经济价值，这也是体验经济时代所必需的。

而对服务设计最通俗常见的释义是：当有两家装修一样、咖啡味道一样、定价也一样的咖啡店相邻开在一起，服务设计就是能让你走进其中一个而不是另外一个的决定因素。

为什么需要服务设计

其实有许多的 APP，看似线上流程结束服务也就结束了，但其实并没有，比如早期的线上购买电影票产品，无外乎就是选择电影→选择影院→选择电子票类型→支付→出电子票这样的一个流程。然而，用户所购买的电影票只是个电子凭证，其真正的目的是看电影，所以还需要有线下兑换电影票的服务提供给用户。但是那时在线下兑换电影票这个体验是一般人会忽视的地方：在早些年线上买的电影票需要现场人工出票，所以放映前售票处人山人海的局面很是常见。而且有时候兑换点的标示指引不清晰，甚至会好不容易排到自己却要到旁边的通道去排。所以后来第一个做出自动取票机的平台直接解决了这个痛点，利用技术的手段大大提升这部分的服务体验，一下子从众多售票平台脱颖而出成为佼佼者，如图 11-1 所示。

图 11-1 电影院的线下取票机（图片来源网络）

另一个例子是 Airbnb，除了基本的线上预订房间这个功能体验做到极致外，对于要提供的实际服务——住宿更是极为关注，从审核出租者→上传精致的照片→

出租服务指导教学等都是为了从整体上给用户最优秀的居住体验（从预订、入住、离开整个完整服务流程）。Airbnb 客房宣传图如图 11-2 所示。

图 11-2　Airbnb 客房宣传图（图片来源网络）

所以现在产品仅仅只关注线上的用户体验其实是不完整的，尤其在如今线上线下加速融合的阶段，很少有产品做到只关注一个环节就足够了（哪怕纯粹线上的产品也涉及除了 APP 本身以外的其他辅助服务环节，比如客服等），其他服务环节考虑不周到，就可能极大地影响用户体验，导致用户抛弃你的产品和服务。

最后还有个例子，我们都知道 Amazon 是个电商网站，几乎可以在这里买到所有的东西。那有什么办法让习惯去线下超市购买商品的用户也开始在这里下单呢？于是，Amazon 最近推出了一个叫 Dash Button 的东西，如图 11-3 所示，它可以贴或者挂在家里的任何地方，比如把印有 Tide 洗衣粉的 Dash Button 贴在洗衣机上，当洗衣粉快要用完时，按一下按钮后台就自动下单（先在 APP 上做关联设置），很快你就能收到送货上门的洗衣粉。

这个设计对于用户而言好处是显而易见的——不用再浪费时间定期跑去超市只为补充家里所需的消耗品；对于品牌商而言，加深了用户对该品牌的忠诚度和曝光量；而对 Amazon 自己，则通过对线下用户日常的使用场景的切入而增加了更多的线上订单。所以想要做出这样的设计，用以往仅关注线上体验流程的思维是不够的，还要具备更宏观的视角、深入电商之外的线下用户场景，从而发现更多可能的设计机会，这就需要运用服务设计思维。

图 11-3　Amazon Dash Button（图片来源网络）

相关术语

在开始详细介绍服务设计之前，需要介绍以下几个概念。为了帮助各位读者更好地理解接下来的内容，本章节将围绕一个虚构的餐馆为例，姑且称它为"美食与爱"吧，我们将运用服务设计的思维对这个餐馆进行服务创新设计。

首先是角色的定义，在服务设计中涉及的主要角色有：

服务提供者——除了一般含义的服务人员之外，还包括电子显示屏、按钮开关等实体，在"美食与爱"里，就包括了侍应、收银员、厨师、后台系统等；

顾客——这里是指服务提供者面向的用户、消费者等，也就是来就餐的人；

利益相关者——服务提供者所属的商业实体相关负责人，也就是餐馆老板、门店经理、收银系统的服务商等；

服务设计团队——除了作为设计师的我们以外，还包括了利益相关者、一些顾客等，这些角色都将参与到服务设计流程中，正是这些角色组合在一起，才能真正地从根本上针对现有服务进行优化或者创造新的服务。

触点——这个概念最为常见，它是指顾客与服务提供者之间每个有接触的点——这个点可能是人也可能是人机界面，也就是顾客能进行互动的实体，比如门口排位服务人员、侍应、菜单、桌椅、餐具、饭菜、收银台、收银员、发票，等等。

服务周期——每种服务都存在周期，也即包含了前期、中期和后期。以就餐服务为例具体分别是指：顾客感到饥饿时，有人推荐或者搜索到"美食与爱"，并前往餐馆就餐，这一阶段就是就餐服务的前期；然后到店门口后，需要排位等待，叫号后进去入座，点菜，等上菜，就餐，结账，拿发票等，这个就餐核心阶段称为中期；最后，离开餐馆，呼叫的士，回到家或者公司，这些就构成了后期。

五个原则

服务设计有五个基本原则：

以用户为中心——一切设计活动的基础就是以用户为中心，服务设计也不例外，要从用户（顾客）视角出发设计整套服务，同时构建整条服务设计流程的核心。它要求我们要做到真正地懂用户，而非仅仅从统计数据、描述或者经验上的分析得出。它是在服务设计团队里，不同学科、不同职责的角色之间的共通语言，也是达成合作共识的基础。也就是说，在设计过程中，团队出现了分歧一定是要以用户为中心去辩论以寻求达成共识，而不是抛开用户单纯从个人喜好或者行业惯例等去讨论。

合作创新——服务设计的参与者不仅仅包含设计师，更包含了利益相关者、服务提供人员，甚至是顾客。每种角色都必须从自己的视角出发提出想法——创新服务设计需要所有人的智慧。设计师在其中更多扮演着类似主持人一样的角色——运用各种科学的设计方法和流程，最终形成能够让顾客体验良好同时又能让提供服务相关人受益的创新服务。此外，顾客的参与可帮助我们打造出具有更高忠诚度、能够更长期沟通交流的服务。

定序——服务是一段以时间为序的动态的过程，而每一个服务片段（比如对应某个行为）类似电影中的帧一样，所以我们可以把服务解构成一个个独立的触点和交互行为。如同电影一样，设计服务过程就像写剧本，剧情节奏的良好把握，能让顾客获得更好、更愉悦的体验。还有，除了顾客直接接触的人和物以外，顾客看不到的后台也是服务的重要组成部分，比如厨师在厨房中做菜、清洁人员在上桌结账离开后下桌入座前的打扫，等等，都需要精心地设计。

显示——服务是无形的，我们有时需要用人工制品的形式把它"显示"出来，让其更容易被感知到，尤其对于本来就隐藏在顾客接触范围外的后台服务。比如住酒店时，清洁人员在顾客不在客房时，打扫完房间、东西摆整齐之外，在桌子上放置一张贴心祝福小卡片，让归来的顾客对后台进行的清洁服务的感知更深刻，对酒店的整体服务感受更良好。再者，迪士尼酒店会在洗浴用品、拖鞋包装上特别注明为赠送品可带走如图 11-4 所示。这样顾客回到家后，看到这些物品就会触发在迪士尼的欢乐记忆，增强了迪士尼乐园与顾客之间的情感联系——长期的好处就是增加忠诚度，并且让顾客更有意愿向周围好友宣传推荐。

图 11-4　迪士尼酒店的赠送品（图片来源网络）

全局视角——由于在服务设计中，涉及的角色、触点众多，这就需要设计师具备全局视角，统筹好各个环节，如果任一个环节有疏漏都可能导致整个服务变差甚至完全失败，所以要求设计师不能只看到一棵树而忽视了整片森林。

11.2 设计流程

本节将介绍服务设计的基本流程，其中包括：探索、创造、反思和实施，如图11-5所示。

图 11-5 服务设计基本流程

探索

虽然服务设计是以顾客为中心的，但探索过程的起点往往并不是从顾客本身考虑的问题。

服务设计师的首要任务是了解提供服务的公司的整体背景和商业目标，因为和其他设计一样，本质都是商业化的。首先要了解公司对于设计思维的态度，对于服务设计这样需要合作创新的设计流程能否接受。接下来，就需要找到服务设计要解决的本质问题，而这个问题往往是公司自身的或是从公司的角度来提出的，而服务设计师就要研究透这个问题并且以顾客的口吻重新阐述出来。比如餐馆业绩最近一直上不去，从公司角度来看是侍应人手不够，来不及招呼络绎不绝的客流，导致满意度下降回头客不多，流失严重；而从顾客角度来看，就是就餐各个环节等待时间太长，服务响应不够及时，导致就餐整体体验很差，于是下次就不愿意再来了。

接下来，要进一步找出问题本质所在，而非仅仅复述公司老板表面上说的问题（比如侍应不够多等）。要想做出成功的服务设计，就需要从潜在顾客和顾客的角度出发，深刻理解他们当时的处境以及做出对应行为背后的真实动机。有许多工具和方法能够帮助设计师们，本章第三节将对这些工具和方法进行介绍。

最后，设计师要把研究后的发现和现有服务流程通过可视化的方法展现出来。这能够帮助大家转变视角，更设身处地地从顾客的角度去重新审视提供的服务，以便体会服务体验不好的地方,并产生需要做出些改变的意愿。这是今后能更好地展开设计流程必不可少的基石。

创造

顾名思义,这是产生解决方案的阶段,而且和后续的反思阶段紧密相连,两者常常组合在一起进行多次迭代,不断产生想法、验证想法,并回过头再重新产生新的更好的想法并加以验证。

服务设计有个最大的特点就是,鼓励各种试错而不是避免出错。所以要尽早地发现错误并更正原有的认知,以避免到最后实施阶段才发现。因为在创造阶段多进行一轮迭代的成本远远小于上线落地后再改所要花的成本(甚至你都不好改了)。

在这个阶段,便签纸是最常见的物品,如图 11-6 所示。它小巧方便,在头脑风暴、工作坊中产生的任何概念、关系、流程都可以用它来沟通,并且也很方便存档。

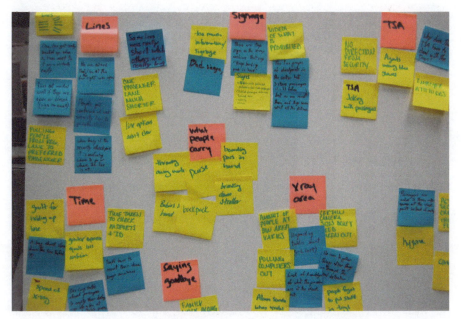

图 11-6　基于便签纸进行设计讨论(图片来源网络)

这个阶段的任务就是基于探索阶段发现的核心问题，基于顾客的需求，基于服务提供者本身诉求等约束条件，基于用户旅程图里一系列的触点，设计出新的方案并不断加以迭代验证优化。

为了让设计出的方案更具备全局视角和可持续发展（比如解决方案看似很好，而落地实施却很难，会遇到各方面的阻力），必须要把所有利益相关者都卷入设计活动中成为项目团队的一员，并且也要让他们很好地进行跨学科、跨领域的协作。

反思

创造阶段产生出新的方案后，在这个阶段就要进行测试验证了。和其他设计方法类似，只要做出产品原型（比如人机交互 DEMO 或者实体产品小样等）就可以找顾客或专家进行测试评估，然后不断地改进以达到预期目标。不过由于服务是无形的，所以原型测试的具体方法和一般产品原型测试的方法不太一样。

因为你不可能像做实体产品一样，把"服务原型"这个"东西"摆在顾客面前并询问他们的想法——哪怕用户访谈、问卷调查等最简单的调研方式都难以做到。所以这个阶段需要想办法让顾客真正理解服务的"灵魂"——比如用漫画、故事板（见图 11-7）、视频照片等方式让顾客产生更多的感性认识。但这还不够，因为用户还是处于比较被动地去接受服务的状态，缺少真实服务场景下必不可少的"互动"。

于是还需要在真实环境或者近似真实环境中去测试服务原型——比如通过角色扮演等互动沉浸的方式，让顾客与服务之间产生真实的交互以及情感上的沟通。这种低成本的测试方法能很好地帮助服务设计不断快速迭代。

实施

前三个阶段下来，我们就有了一个应该还不错的新的服务方案，那么最后当然要付诸实施。这时，就必须通过雇员比如侍应、厨师、收银员等角色来实现，因为

图 11-7 通过故事板的方式表达服务流程（图片来源网络）

他们就是提供服务的重要角色，他们的动机和参与感对于服务的可持续运作至关重要。

所以在服务设计流程的一开始就要让这些角色参与进来，如果他们完全不参与或参与过晚，那付出的代价就会很大，比如难以保证服务能够顺利地落地实施以及长期运作。最好让他们在参与设计过程中贡献出一些点子和想法，这样他们能对服务所要达到的目的有更深刻的理解，遇到实施上的问题也会更有意愿去帮助并解决。这个阶段有个最常用的工具叫"服务蓝图"，本章第三节我们会详细介绍。

为了在实施阶段减少阻力和实施难度，前面三个阶段应尽可能投入更多的时间和精力。这样才能让实施过程可能会遇到的问题和阻力充分暴露，以便更早地去解决。

在实施完成后，往往会跟着下一轮的探索→创造→反思→实施阶段，这就表明服务设计是一个不断迭代的设计过程。

11.3 工具箱

在本节里，将介绍以下服务设计中广泛使用到的且颇为有效的 4 个设计工具。

影子跟随法

影子跟随法的意思是，研究人员或设计师把自己融入到顾客的、前后台人员的日常生活或工作中去，像"影子"一样跟着他们去观察他们的一举一动。

设计团队内图文方式展示被观察者的细节，如图 11-8 所示。这个方法要求研究人员通过文字、视频或照片记录下被观察者的所有行为，但需尽可能得低调，以免由于被观察者意识到观察者的存在，而导致他们的行为受到干扰或影响，甚至可能会做出非潜意识的行为。比如研究人员可以穿着打扮尽可能普通低调，就像"路人甲"一样融入到大环境背景中去，与被观察者保持一定的距离，必要时干脆不要让他们知道自己的存在。

利用影子跟随法，研究人员可以获得第一手的信息并记录下问题发生的场景，而这些问题往往可能会被顾客或服务提供者忽略。通过该方法可以真正地做到从全局或者说是"上帝"视角审视整个服务的运作方式，对服务体系中角色与角色之间、角色与触点之间的互动产生更深入的理解。该方法也能很好地发现那些问卷或者访谈中没发现的问题，尤其是用户存在"言行不一"的情况。

顾客旅程图

顾客旅程图是用顾客与服务之间产生互动的一个个"触点"来构成用户完整旅程的"地图"。在顾客旅程图里，主语就是顾客，所以这个图是从顾客的视角表达出所有与服务之间互动的行为以及由于互动而产生的情感。

第 11 章 服务设计思维

图 11-8 设计团队内图文方式展示被观察者的细节（图片来源网络）

如何绘制顾客旅程图呢？首先，需要找到顾客与服务之间所有互动的行为触点，比如顾客和餐馆侍应面对面的沟通、顾客使用手机扫码的人机互动，等等。例如，某位设计师手绘的顾客旅程图如图 11-9 所示。餐馆就餐的典型顾客旅程图如图 11-10 所示。

当所有行为触点找出来后，按时序的方式进行罗列以形成完整的体验流程。为了能产生更深刻的设计机会点，需要在这个图中补充尽可能多的信息，比如顾客的用户画像等信息，所以最好能有典型顾客来参与绘制旅程图，以便于服务设计团队在看这个图的时候更能激发出同理心，从顾客的视角来看整个服务，体会顾客当时的情绪和体验。

然后，通过访谈或者利用顾客自己的描述和记录（博客、照片、视频等），以顾客的口吻表达出他们在每个步骤的心理活动，然后这些都会对应某种情绪，用 0～5 分来对情绪来进行打分，形成情绪曲线图。

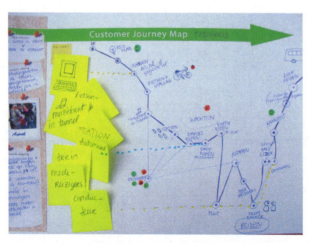

图 11-9 某张设计师手绘的顾客旅程图（图片来源网络）

阶段	就餐前				就餐中				就餐后	
顾客行为	查询餐馆	前往餐馆	到达前台领取排号	等待叫号	入座	点菜	等待上菜	就餐	结账	领取停车券	离开餐馆
心理活动	去哪里应好呢看评价还不错	不知道人多不多在哪里到	最棒要多久就去吃下会不会过号	好烦还要多久才好前面还有几桌	终于轮到我了好饿，有什么好吃的	有什么菜好吃服务员能推荐吗最好是速度快的菜	小吃快吃完了还有什么菜肚子还要多久才上菜	有肉菜好好吃抹真不错上来咯	能打下免有停车优惠吗	在加油康票等化惠券？离场前台？好麻烦啊	接下来去哪呢我的车在哪
情绪指标 0-5分	3	4	1	2	4	2	3	4	5	3	4
机会点			★			★				★	

图 11-10 餐馆就餐的典型顾客旅程图

通过分析旅程图中情绪分值较低的部分（尤其关注前后情绪都比较高而当前触点较低的"山谷"部分），找出真正的问题所在，往往在这当中会存在不错的创新设计机会点。分析出不错的机会点后，就可以针对它进行创新服务解决方案的设计了。

在绘制顾客旅程图过程中，尽可能补充进入服务前以及离开服务后的行为，比如顾客在接触到本店餐饮服务前从朋友或家人得知了本店刚开业有优惠的信息。我们根据这些额外信息能更深刻地理解顾客在就餐过程中所产生的行为、言语和情绪。

服务蓝图

服务蓝图就像建筑设计的蓝图一样，是从全局的视角详细地设计出服务体系里包含的所有对象、交互、触点等的图形化语言。这个图是包含多种角色的——用户、服务提供者以及其他涉及服务流程的相关者,此外还有触点以及对顾客不可见的后台流程等。

绘制服务蓝图往往需要所有人共同参与,所以是一个很好地把不同职能部门或团队的人召集在一起设计的机会。由于不同角色对服务有不同的理解,召集在一起绘制服务蓝图可以帮助各个角色之间更好地理解其他人的职责和处境,并且促进各个角色之间的合作,更好地协调人员和资源的配置。这样一来,输出的是大家共同达成一致的结果,而非被动地接受所谓设计师做的方案(往往这种方案也是欠缺从其他角色角度考虑的)。此外这个服务蓝图是可以不断变化的,也即需要周期性地迭代优化。

图 11-11 表明了服务蓝图的基本框架,在蓝图中有三条线,分别是:交互线,位于用户与前台服务提供者(人或系统)之间;可视线,位于直接面向用户服务的前台与用户感知不到的后台之间;内部交互线,位于后台服务与支持流程(比如后台数据系统等)之间。

图 11-11　绘制服务蓝图的基本框架

结合图 11-12("美食与爱"餐馆服务蓝图)示意,下面介绍服务蓝图的绘制方法:首先按照时序把用户新的行为(设计后的行为)从左到右罗列出来,并且从服务的前、中、后阶段(比如就餐前、就餐时、就餐后等)对其进行分类；然后在行为上面一行，列出用户行为所接触的物理触点或环境；然后行为下方一行，列出与用户交互的服务提供者，这可能是线上 APP 也可能是线下物料、服务人员等，根据实际能引导用户做出相应行为的场景来决定；然后再往下，就是后台服务提供者以及提供的支援流程，可能是人的行为也可能是系统的内部流程等。

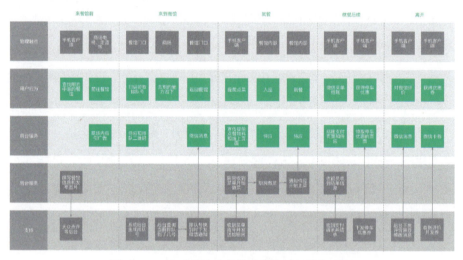

图 11-12　针对餐馆就餐体验优化后的服务蓝图

服务表演

服务表演是在输出新的服务设计方案之后，在模拟环境和测试原型的帮助下，预演出服务未来真实要落地的场景以及在场景中角色和服务之间的互动。该方法需要设计师、服务提供者甚至真实顾客的共同参与，需要扮演角色的人都称之为"演员"。

在创造模拟测试环境时，需要让"演员"们尽可能放松自然，以便更"真实"地表演出来。首先"导演"（一般由设计师来扮演，因为需要协调整个表演的过程和进度）需要为"演员们"讲述场景故事板，让大家更好地融入到预设的上下文场景里。然后在开始表演后记录下演员的真实行为和反应。在此过程中导演和所有演员可随时对遇到的问题进行表达和讨论，同时现场提出解决办法。

服务表演能让所有参与者注意到纯靠脑海里想象的服务过程中根本没法呈现的肢体语言等细节，这能帮助我们在服务落地前就暴露出真实环境下可能会遇到的问题，同时利用参与者们的集体智慧迅速地解决掉。例如，IDEO 的设计师在设计医疗服务时扮演患者如图 11-13 所示。这能帮助我们更好地对服务进行快速持续的迭代优化，而不是等到实施后才去优化，大大减少了各种成本。所以这种方法可以理解为类似于 APP 设计中的原型测试方法，不过它测试的是"服务原型"这种无形又部分有形的东西，而不是完全像 APP 这种实体可见的"产品原型"。

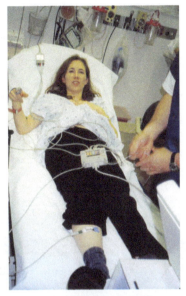

图 11-13　IDEO 的设计师在设计医疗服务时扮演患者

小结

本章你已学习了服务设计的基本概念、设计流程和一些基本的工具，可以尝试运用这些方法和工具去对任何你能想到的服务进行重新思考和设计。在服务体验不好的地方，找出可能的设计机会点，然后针对这个或多个机会点，运用互联网等先进技术形成解决方案，为这些服务带来革新和提升，最终形成服务提供者和顾客双赢的局面。

作业

1. 请你举例还有哪些完整包括了线上线下环节所有服务体验，并且做得很好的产品？

2. 请你以某个经常遇到的生活服务为例，阐述第一节里所述相关术语在这个服务里各自具体所指？

3. 针对题 2 中描述的某个生活服务，绘制出顾客旅程图。

4. 针对题 3 图中发现的问题，尝试找出一个设计机会点，然后设计出一些解决办法，绘制出新的服务蓝图。

5. 基于题 4 设计出的服务蓝图，尝试找相关人员进行一次服务表演，看看新的服务流程是否真正地解决了问题。

参考文献

1. Marc Stickdorn, Jakob Schneider. This is Service Design Thinking: Basics, Tools, Cases. Wiley, 2012.

2. Roberta Tassi. Service Design Tools: Communication methods supporting design processes. http://www.servicedesigntools.org/, 2009.

推荐书单

1. 叠加体验：用互联网思维设计商业模式. 穆胜. 机械工业出版社，2014.

2. 颠覆式创新：移动互联网时代的生存法则. 李善友. 机械工业出版社，2014.

3. 服务设计与创新实践. 宝莱恩 (Andy Polaine) / 乐维亚 (LavransLovlie) / 里森 (Ben Reason). 清华大学出版社，2015.

4. 设计方法与策略. 代尔夫特理工大学工业设计工程学院. 华中科技大学出版社，2014.

5. IDEO，设计改变一切. 蒂姆·布朗 (Tim Brown). 万卷出版公司，2011.

6. 商业模式新生代. 亚历山大·奥斯特瓦德 (Alexander Osterwalder) / 伊夫·皮尼厄 (Yves Pigneur). 机械工业出版社，2011.

7. IDEO. IDEO Method Cards. William Stout, 2003.

第八篇

跨界与融合

互联网时代，单打独斗已经不适宜现代这个快节奏的社会了，大家都在"抱团取暖"，全方位地武装自己。为什么要跨界？跨界，更多的是为了产品的营销服务，是为了在用户心智中占领一定的位置，否则品牌最终将从现实中消失。因此，跨界合作对于品牌的益处，就是让看似毫不相关的元素，相互渗透相互融合，牢牢占领一个品类，提高品牌在用户心智中的认知！

Chapter 8
跨界与融合

第 12 章　跨界设计与融合
　　12.1　跨界设计　　　　　　　　　　　　　　　　　　　　　266
　　12.2　互联网改变世界　　　　　　　　　　　　　　　　　　283

12 跨界设计与融合

本章目标

1. 了解跨界设计的出发点。
2. 了解互联网产品可以从哪些角度进行跨界设计。
3. 品牌通过哪些手段深入到我们的生活中。
4. 个性化产品，如何满足人们的独特需求。

关 键 词

设计的本质　　需求　　大数据　　创建链接

发现共性　　跨界设计

12.1 跨界设计

12.1.1 跨界之我见

传统行业面临转型，如"互联网＋金融"，"互联网＋农业"，"互联网＋教育"等，而"互联网＋"的出路在于互联网和传统产业的跨界融合。其本质是将互联网的创新成果深度融合于经济社会各领域之中，提高实体经济的创新力，从而达到经济社会的思维转变、技术转变、格局转变。

"互联网＋"的根本，在于解决国民经济和社会发展中存在的一系列实际问题。借助互联网工具，实现基础设施、政务、民生、产业、安全、教育等与互联网的连接和充分融合。简而言之，可以变革生产方式，创造新型消费，不断满足人们的需求，提高企业利润。

如图 12-1 所示，用户在网易云课堂 APP 以及京东白条 APP 上的数据沉淀，通过分析可以加深设计师对用户行为的深入理解。人与人、人与信息之间通过互联网的连接进行各种交互，这些交互行为在数字世界生成了很多新数据，而新数据的规律一旦被设计师所掌握，又会带来更多反馈用户真实行为的设计驱动力。

今日头条创始人张一鸣先生曾说："新数据带来新的服务，新服务催生更多新数据，两者会形成一个良性循环，彼此促进，形成一个双螺旋，产生一股创新驱动力，可以源源不断地为用户带来更多新奇有趣的服务，可以更好更快地为人们服务。"

这是一个爆发性的时代。

凯文·凯利在《必然》一书中提到，我们完全无法预测 30 年后身边都有哪些产品，品牌和公司。但是这个大规模的、充满活力的过程有着清晰无误的整体方向，那就是：更多的流动、共享、追踪、使用、互动、屏读、重混、过滤、知化、提问以及形成。

我们正站在开始的时刻。

图 12-1　网易云课堂 APP 和京东金融 APP（图片来自手机截屏）

12.1.2　智能硬件是什么鬼

智能硬件是通过软硬件结合的方式，让传统硬件拥有智能化的功能，一般开发周期较长。智能化之后的硬件，具备连接的能力，可以实现互联网服务的加载，形成"云+端"的典型架构，具备了大数据等附加价值。目前智能硬件已从可穿戴设备延伸到智能电视、智能家居、智能汽车、医疗健康、智能玩具、机器人等领域。比较典型的智能硬件包括 Oculus Rift VR 眼镜、咕咚手环、Tesla 汽车、乐视 TV、野兽智能自行车等。而随着人工智能的深入开发与学习及其在智能硬件上的结合，未来将会为传统行业的升级带来更大的可能性。

- 苹果医疗项目：ResearchKit

图 12-2　ResearchKit 五款应用（图片来自网络）

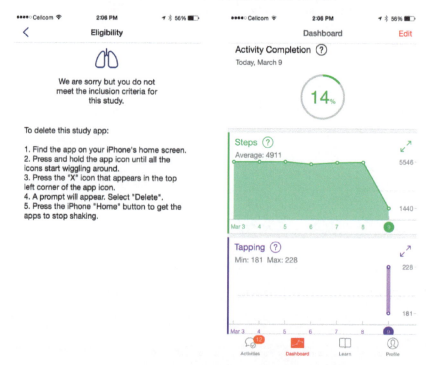

图 12-3　ResearchKit 五款应用 APP 截屏（图片来自网络）

如图 12-2 和图 12-3 所示，2015 年 3 月，苹果公司在其春季新品发布会上，将 iOS 生态系统的触角延伸到医疗科研领域，宣布推出 Research Kit。该产品可以作为开源平台来收集、整合和分析医疗数据，并加强专家、医疗机构在科研领域的交流。首批推出的 5 款应用涉及哮喘、帕金森、糖尿病、乳腺癌和心血管疾病。

每款应用的安装过程相对来说都比较标准，应用之间只存在细微的差异。在安装完成之后用户需要回答一系列简单的问卷调查以确定是否符合研究要求。如果用户的回答和问题的答案有所不同，可能无法与该应用配合数据整理。用户确定同意参与研究后，可以选择对哪些数据进行分享，以便于为科研学者提供更广泛的样本。

这些复杂的测试主要作用是来帮助用户检测日常生活，用户可以在一天之中检测多次。目前很多可穿戴设备大多数充当一个数据收集器，并未对数据背后的问题提供一套解决方案。而 ResearchKit 正是基于此推出的，它通过对用户数据监测，提出专业性的医疗建议。

有了 ResearchKit 之后，患者只需要提供数据就可以及时向医生反映病情，且手机传感器收集到的用户健康数据要比患者病人自己主观描述更为准确。数据及时反馈，并通过移动端的 APP 来解决医疗问题，极大地推动了移动医疗的发展。互联网至物联网，无所不包地改善着我们的生活。

- 脸蛋：皮肤测试的智能硬件 +APP+ 社区

有关数据显示，目前 65% 的女性都在使用与自己肤质不符的护肤品。如果有肤质检测的需求，则需前往高端专柜，或者专家开设的私人工作室。前者有推销行为，后者则成本高昂。虽然市面上有不少检测硬件，但用户光凭数据只能知道自己是否缺水。如何补水，什么肤质，该用什么护肤品，又无法获悉。而智能硬件"脸蛋"，它将肌肤水分检测仪与 APP 结合，使数据可以量化作为肤质检测的数据参考，如图 12-4 和图 12-5 所示。

通过和手机 APP 联系，脸蛋对用户数据将长期跟踪记录，并结合多种参数分析，做出报告。同时对检测结果提出建议，让用户直观了解自身面部、手部等肌肤水分情况。观察肤质变化，以便更精准地选择皮肤护理方法。为迎合女性心理，产品设计外观近似人气甜点马卡龙，皮肤触点是小翅膀形状，如图 12-4 所示。

一个APP的诞生——从零开始设计你的手机应用

图 12-4　脸蛋肌肤水分检测仪（图片来自网络）

图 12-5　脸蛋 V4.0 APP 选择页、测试页（图片来自手机截屏）

脸蛋建立护肤相关的社区，可以让用户互相交流、吐槽、分享，为避免出现专业性错误，脸蛋还邀请了专业人士为用户解决问题。通过平台多维度的数据分析，为用户提供"解决方案+工作室服务"的个性化套餐。系统通过自动匹配与用户属性一致的个性美肤套餐，并与美容工作室进行一对一的个性化美肤跟踪服务。

这一模式大大降低 B 端（商户）与 C 端（消费者）的沟通成本，为每个细分群体提供最适合的美肤计划。

- Sproutling：婴儿的可穿戴计算设备——室内感应器 + 脚环 + 手机 APP

如图 12-6 至图 12-9 所示，Sproutling 的产品分成三部分，室内感应器、脚环和手机软件。如图 12.1-7 看到的是一个中间有红色桃心，腕带为白色医用材料的脚环，它是为 0~1 岁婴儿设计的，主要在婴儿睡觉时戴上，室内感应器即可追踪婴儿健康情况。

图 12-6　Sproutling 脚环硬件及 APP（图片来自网络）

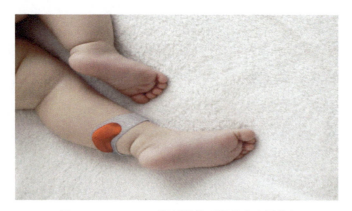

图 12-7　Sproutling 脚环硬件（图片来自网络）

图 12-8　Sproutling 硬件及 APP——监控睡眠（图片来自网络）

图 12-9　Sproutling 硬件及 APP——监控体温（图片来自网络）

红色桃心形状的脚环里有 4 个感应器和电池，分别负责监测室内温度、婴儿动作和心跳（两个感应器负责监测心跳），室内感应器则分别负责监测室内温度、灯光、湿度以及噪音，它还具有定位功能来匹配所在城市的天气数据。通过这两样硬件设备相连，Sproutling 率先建立了一个 0~1 岁婴儿的健康资料数据库，父母可以设定自己孩子的数据，年龄、体重等。在孩子的数据出现异常时，Sproutling 的软件会自动提醒父母。

Sproutling 优良的体验在于其定位是"帮父母增加育儿经验"而不仅仅是一个"追踪数据发出健康警报"的机器。当孩子的数据出现异常时，Sproutling 不会发给父母类似的警报："你和孩子在某些方面的数据出现异常，或和同龄其他孩子相比你的孩子在某方面数据异常"，因为这样 Sproutling 就会变成了一个让父母时刻担心的产品，所以用更温和的方式作为"提醒"。例如"如果你把室内灯光调暗一些孩子的睡眠质量可能会更好"这样的表达方式。

为婴儿设计可穿戴设备和普通人的不同之处在于，购买者是父母，父母为孩子挑选物品的原则首先是安全，其次是舒服。因此 Sproutling 使用医用材料，针对 0~1 岁婴儿不同体型会提供 3 个不同长度的腕带（中间的红色感应器可以拆卸）。

Sproutling 于 2015 年全球 CES 展上获得可穿戴技术产品类最佳创新奖，全球玩具巨头美泰也于 2016 年 1 月收购了 Sproutling，期待未来 Sproutling 能更好地为全球父母和婴儿创造更佳完美的数据提供和体验。

总结：在一个快速发展的时代，变化比我们想象来得快，而设计就在每天的学习、工作和生活过程中。我们需要不断发现，深度思考，才能真正达到在心中把万物互联起来，从而，找到新技术的突破点。

作业：将生活中两个完全不相干的事物联系起来，找到连接它们的要点。

目的：想象力的锻炼、观察能力的提高。

12.1.3 产品跨界

- 奢侈品大牌跨界开餐馆 争夺 O2O 入口

电影《蒂芙尼的早餐》中,奥黛丽·赫本一身经典的黑色晚装,来到纽约第五大道的蒂芙尼店橱窗前,一边吃着早餐,一边以羡慕的目光望着蒂芙尼店中的一切。借由电影隐含的营销,拥有一枚 Tiffany 钻戒在无形中深入不少女孩的心中,如图 12-10 所示。

图 12-10　电影《蒂芙尼的早晨》场景(图片来自网络)

对品牌而言,借助电影向核心消费者传达品牌文化及最新的产品,可以让消费者更好地融入品牌价值中。然而以电影或其他娱乐产品带动品牌价值的提升和直接销售,周期往往很长,品牌迫切需求用全新的跨界方式进行价值提升。相比于看一场电影,喝杯咖啡或吃顿饭受众群更广,刚性需求更强。而且中国的消费者对美食有着天然的喜爱,喜欢享受舌尖上奢侈的人远比借助奢侈品包包体现自我的人要多。于是奢侈品大牌们掀起了一场"舌尖上"的跨界风。

通过实体店进行体验,让消费者感受到线上购物无法享受到的实体感受。但这种体验不是简单的试穿、触摸,而是同时可以向消费者传达当下最美好的生活方式与理念,而这些都是线上购物最难实现的部分。

如图 12-11 所示,奢侈品跨界到餐饮业,带来了更大的有效人群,店面里的每件物品或物品间的搭配,不经意间都能引起消费者的注意,激发其购买欲望。用户通过二维码扫描,直接可以导流到品牌的网上商店现场下单。当顾客享受完美食,这件商品就打包完成放到顾客面前,无论是线下结账还是网上支付,这个"入口"的有效性都远远比线上"入口"高,而这正是包括爱马仕、Prada、LVMH、Gucci在内的多个品牌玩跨界的深层原因。

图 12-11　1921Gucci 上海餐厅一角(图片来自网络)

总结:好的品牌,自带传播力。大众自发进行爆发性的传播,开始如病毒般扩散,结束如入骨髓般深刻。所谓酒香还怕巷子深,除了自身的品质外,营销之道仍是其关键。

作业:1.尝试在校园内推广一款让你觉得喜欢到无法比拟的产品,运用文案写作的方式,结合故事和场景,为该款产品,说一个动人得足以引发其他人自发推荐的故事。

目的:锻炼文案表达能力　设计爆发点的思维方式

- 基因猫——基因检测的新革命

基因猫成立于 2014 年,定位从基因检测出发,以移动互联网为平台,研究并解决亚健康状况带来的一系列问题。其优势在于全环节自主研发,大大压缩成本,产品走平价路线。2015 年 8 月,基因猫的基因检测入门套装正式上线,分为单人包、家庭 5 人装、公司集体装 3 个系列，检测项目包括：肥胖风险、三大膳食相关慢性病、五大关键微量元素的风险、饮食结构、咖啡和乳糖伤害。

基因猫创始人张勇是北大生物信息学博士和德国马普研究院博士后，曾在华大基因从事生物信息分析工作 14 年，同时也是国家基因库的创始人。张勇认为人类健康可以从基因和环境两个角度入手，基因与生俱来无法改变，但可根据基因情况改变生活方式从而生活得更加健康。其认为今天的基因检测行业如同 15 年前的互联网一样充满可能，这是千载难逢的机会。

经过前期用户调研，基因猫确定从肥胖、营养、饮食等易于接受的项目进行基因检测，并将基因检测入门套装单人装的价格定为 299 元。原因在于，用户对疾病、癌症检测接受程度还有障碍，同时这类检测后期服务跟进过于复杂。

用户收到检测包后，采用刮口腔内壁的方式采集 DNA，采集完毕寄回基因猫。基因猫会进行 DNA 提取、质量检测、使用基因芯片分析 DNA 以及基因数据的生物信息学分析 4 步，最后发布报告并向用户进行报告解读。基因猫还会在手机 APP 上提供健康管理方案。由于没有任何环节采用外包或第三方解决方案，用户在 14 天内便可获得报告。

平价的原因还在于全环节自主研发的所带来的成本优化，这其实也是基因猫的技术壁垒。例如 DNA 提取试剂盒。如果采购商业试剂盒，一般采集一个样本需要 50 块钱，而基因猫将其价格降到了大概 1 块钱。

基因猫目前用户偏向年轻人，张勇和他的团队也在思考用户群体拓展的方式，这也是其设计多种系列的原因。"比如做 5 人家庭基因检测包，我们一直在讨论到底几个人适合，如何调整沟通方式等。而这一尝试的效果非常好，其意义在于不仅从年轻人导向老年人，同时也想要收集家庭数据让检测更精准。"基因猫 APP 首页、测试页如图 12-12 所示。

- Star VC——明星风投

2014 年 7 月 11 日，任泉、李冰冰和黄晓明宣布成立天使投资基金 Star VC，任泉为该基金的具体操盘者。Star VC 第一期基金 8000 万元，已经投完。第二期基金 3 亿元，已经募集完毕。据任泉透露，2014 年投过 12 个项目，最终成功了 10 个。

早在 1997 年，任泉就开始投资餐饮、美容、股票、电视剧等，而且均有盈利，这位低调的演员在圈内有着极好的口碑。而黄晓明对跨界投资一直感兴趣，在餐饮、红酒、医疗、房产、高尔夫球等领域进行过投资。

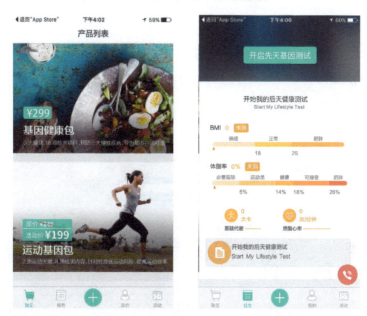

图 12-12　基因猫 APP 首页、测试页（图片来自手机截屏）

此次 Star VC 引入的两位新合伙人章子怡和黄渤，都是当前大牌明星。一个是最早进入好莱坞电影圈的中国女演员，一个是创造中国电影票房达 50 亿影帝。而两个合伙人的形象都非常健康的，同时也是不同领域的意见领袖，能丰富 Star VC 的决策层次。Star VC 团队如图 12-13 所示。

Star VC 同时也公布最新的投资企业——互联网金融平台"融 360"。从 2011 年成立至今，"融 360"已获得的总投资额为 1 亿美元，A 轮融资额为 700 多万美元，B 轮为 3000 万美元，C 轮融资金额约为 6000 余万美元。

"融 360"以贷款垂直搜索模式打开市场，随后上线了信用卡搜索与在线办卡功能。截至目前，这家公司已经将原有的在贷款、信用卡领域的搜索业务拓展至理财范围,又创立了线下贷款便利店,将互联网金融搜索服务拓展至线下。而随着互联网金融法规的完善,互联网金融将占据更多用户的关注和使用空间。

据 Star VC 方面介绍,首先金融是一个需要公开透明的领域,明星资本也是粉丝经济延伸中很重要的环节,Star VC 作为大咖的集合,对于创业项目本身能产生很好的正能量。另外在金融领域,消费金融的崛起,明星资本的明星资源自然而然能成为用户的资源。

Star VC 的投资理念重点关注创新型以及健康而充满活力的企业和产品。创新对于当代环境和大众创业非常重要,很好的点子和技术以及合理的投资能让这些创业者更快地把产品推广到用户当中。

图 12-13　Star VC 团队(图片来自网络)

总结: 在互联网势头猛烈影响下的今天,除了互联网带来的美好和财富外,同样需要克服许多现有的问题。而我们希望能提供的是一个不完美的案例,一个正在改进及迭代中的产品来告诉大家:事物在前进中,是允许犯错的。它同时提醒我们,在互联网前进的道路上始终充斥着各种不正确的观点,错误的数量也许远远超过正确本身。

作业: 尝试为自己熟悉的社区,对老年人群体进行用户研究,结合前面的章节,设计问卷进行访谈。了解他们的需求和痛点,问卷总样本为 20~50 份,可以分组进行实地研究。

目的:训练一线实地了解特殊群体的需求、针对性设计问卷的能力。

12.1.4 营销跨界

- LV 的艺术跨界合作

村上隆

LV 与村上隆的联名合作系列在 2003 年 Louis Vuitton 春季秀场上首次面向观众,并用 33 种色彩来展现 Monogram Multicolore 系列手袋上的印花,一经问世便引得无数关注。之后村上隆也在该系列包袋中加入熊猫、樱花、迷彩等图案,LV 店铺也曾为了这个风格而将门店外全部换成了彩色的 Monogram Logo,更一度成为 Paris Hilton、Nicky Hilton 姐妹和 Jessica Simpson 等明星的出街必备包袋,如图 12-14 所示。

图 12-14　LV 村上隆系列包包
(图片来自网络)

LV 的跨界合作早在 2001 年就已经开始,当时的艺术总监 Marc Jacobs 与涂鸦大师 Stephen Sprouse 合作,把 "Louis Vuitton Paris" 字样用涂鸦的方式印在手袋上,从而让 LV 手袋大卖。之后便相继有了与村上隆、Julie Verhoeven 以及草间弥生等艺术家的跨界合作。

草间弥生

2012 年,LV 和日本著名当代艺术家,"波点女王"草间弥生携手推出系列产品,主打便是各色的波点包袋。7 月 10 日,在草间弥生纽约 Whitney 博物馆回顾展开展前的两天,Louis Vuitton 在全球 461 家店发售草间弥生签名的相关产品。从风衣、睡衣到珠宝,一切产品都印有草间弥生的波点图案。还有一些混合了 Vuitton 字母和草间弥生设计的产品在 10 月发售。该系列的产品以黑、亮黄和大红色为主色系,符合草间弥生一贯的鲜艳色调,密集的波点

图 12-15　LV 草间弥生系列包包
（图片来自网络）

沿袭了"怪婆婆"的怪诞色彩，也为 LV 增添了不少活力。该次发布的产品表达的初衷是执着与连续性，如图 12-15 所示。

路易威登的经典皮具、成衣、鞋履、配饰、腕表以及珠宝，都化身为草间弥生有机重复图案的载体。产品采用充满活力的混合色彩，上面布满了无限延伸的圆点图案。尺寸、色彩以及密度的交相辉映充分展示了无限的可能性。随着草间弥生式圆点的活灵活现，图案泛起涟漪，把人带入一个频闪的美妙世界。幻觉扩散使你感觉图案没有中心，没有起点也没有终点。本次合作向世界极大地传播她的无限圆点图案，传达她"永恒的爱"的信息。

而此次跨界合作不仅让 LV 获得巨大收益，也成功收获更多的品牌忠实粉。

- 百事可乐《把乐带回家之猴王世家》——情感化营销

人类情感是微妙的，品牌要想通过情感诉求打动消费者，首先得了解当前消费者心里最关心什么，什么容易触动消费者的心弦。而结合新闻、事件、引人瞩目的社会动态等进行情感的诉求，是最容易引起消费者的注意和感情触动的。

2016 年的百事广告《把乐带回家之猴王世家》，就是抓住中国传统节日的特色进行情感诉求营销的广告形式。借由猴年引申至一个时代的烙印：猴王孙悟空——六小龄童。而这意味着百事已经选了一个好故事，如图 12-16 和图 12-17 所示。

好故事的原因在于，六小龄童是几代人的回忆。从情节上来说，有各种亲情牌和回忆，再加上戏曲精神、中国人的传承观念、六小龄童作为一个演员的敬业精神，都是往泪点上戳的猛料。从拍摄手法上说，故事主体都是以六小龄童的第一人称记叙，大大提高故事的真实性和感染力，故事节奏有卖点小高潮不断，吸引力强。

图 12-16　百事可乐《把乐带回家之猴王世家》（图片来自网络）

图 12-17　百事可乐之猴王纪念装（图片来自网络）

因此，百事可乐的《把乐带回家之猴王世家》从以上角度来看，都可以算得上是一次很好的跨界情感营销。不仅为猴年的喜庆增加了不少共同话题，引起病毒性传播，用户也容易对百事可乐品牌本身起到良好的心理反馈作用。

- 钉钉和海底捞的跨界合作

钉钉是阿里巴巴开发的一款基于移动办公的工作沟通协同软件。上线一年多，全国已有 150 多万家企业在使用，并且企业用户每月在以 20 万～30 万的速度增长。"钉钉，是一个工作方式"这句话已经成为了钉钉最形象的表述。而海底捞作为餐饮品牌连锁火锅店，也以专注于客户服务出名。这与钉钉的专注精神有异曲同工之妙，钉钉是专注企业用户，而海底捞是专注个人用户，企业又是由很多个个人组成的。因此，钉钉和海底捞的合作与组合，相互完善并延伸了自己的专注服务。

钉钉因服务互联网企业而生，专注为中国的企业提供高效的移动办公与沟通平台。海底捞是1994年成立的一家全国直营特色火锅连锁店。海底捞的专注服务之道以及对企业员工的深耕服务都有广泛的口碑和名气。钉钉与海底捞此举合作形成共同服务企业到个人完善的生态圈。

海底捞针对钉钉上企业的员工，派发海底捞代金券。一方面，最大程度上激发了员工使用钉钉的热情，有效帮助企业通过钉钉更高效管理员工；另一方面，钉钉为海底捞输入了大量的个人用户，海底捞为这些个人用户提供最好的服务。双向跨界合作，无疑促进了用户对双方品牌的深度认同感，提升彼此企业的价值，如图12-18所示。

图12-18　钉钉，海底捞合作海报（图片来自网络）

总结：品牌之间互相渗透，互相借势。在一定程度上符合"强强联合"策略，为彼此带来更多可能性和新的生长空间。

作业：为我们的便签，找到另一个品牌，提高其价值和身份的营销点。

目的：掌握产品多种可能性的营销方法。

12.2 互联网改变世界

互联网已成为今天商业社会必备的基础设施，充分理解商业本质并很好地利用互联网工具和互联网思维去优化企业的价值链条，能为企业赢得竞争优势。当以"用户为中心"的信息经济逐步取代"以厂商为中心"的工业时代，我们需要转变思维方式。传统行业的运行效率存在诸多弊端，用户缺乏产品体验，对品牌存在认知弊端。而在移动互联网时代，我们可以将诸如物流、售后服务、社交等进行本地化的支撑；利用既有的资源提升供应链效率，降低运营成本，形成可持续发展的盈利模式。

当 iPhone 第一次出现，移动互联网无孔不入地、悄然地改变着我们的生活。今天随处可见的微信支付功能、支付宝、Apple Pay、AR 及 VR 等都重新定义了我们的生活。

而互联网的发展已经不仅仅局限在几个领域，它时刻与我们自己可见或不可见的世界不断紧密联系。在过去，一个传统企业要做大，做上市，起码要 7 年左右的时间。但是现在，借用着互联网工具，极大地加快了一个企业的发展速度，3 年就可以上市。昨天还是传统马路拦出租车，今天就已经出门之前叫滴滴了。

互联网快速地激化着整个世界的进化过程。

12.2.1 地球村

- （We country）为村计划：互联网下"重新复苏"的乡村

互联网在城市中的"链接"刷新着人们的生活方式，而在那些少数民族、古村落、山区等特定地区，信息的隔阂造成人们情感的疏远和经济的衰弱。城市化进程中，村民为赚钱进城务工，情感失联和村庄空心化的信息失联进一步造成乡村与财富失联，乡村的发展停滞了。三大失联互为恶性循环，不断消磨乡村的活力。

（We country）为村计划项目的实验点侗乡，盛产侗家人特色水稻"香禾糯"。它以其祖传的"稻鱼鸭共生"的自然农法种植，受中国国家地理标志保护。稻鱼鸭共生系统是目前世界上遗存的 5 个传统农作模式之一，被联合国粮农组织认定为全球首批重要农业文化遗产。

而在商业的价值链中，一线生产的侗家人往往因缺乏商业意识和市场渠道，难以从谷粒中挖掘到财富。腾讯基金会试图借助互联网的核心优势，帮助其建立微社区。整合内部资源以及建筑设计、平面设计、广告策划、运营商和硬件设备生产商等众多合作伙伴，共同设计互联网＋乡村未来的开放模式，为乡村发展连接助力。

"微社区"系统建立的"铜关市集"目前已上线。用户可以通过二维码、照片和联系方式来进行购买。当地的香禾糯、有牛黑米、雀舌茶等特产作为黎平当地极具代表性的优质农产品，还进入了拍拍微店"企鹅市集"销售。

随着国家政策、市场环境以及科技进步等外部条件的改善，为乡村带来了一次次全新的发展机会。顺着这个方向，2015 年腾讯启动了"为村开放平台 We Country"计划，以"互联网＋乡村"的模式，为乡村连接情感，连接信息，连接财富，极大地改变了当地人们的生活现状。侗关村微社区以及所展示的商品如图 12-19 和图 12-20 所示。

- 小米智能家居——万物互联的起点

2012 年诞生的物联网，随着 4G 网络及无线网络的覆盖，云计算、大数据、传感技术及移动互联网的融合发展，已经变得比之前更加智能化。而快速的生活节奏和忙碌的工作，为智能家居的互联打开了一个窗口，从而通过技术的不断深化，引领着新一轮技术革命。

图 12-19　侗关村微社区（图片来自手机截屏）

图 12-20　侗关村微社区所展示的产品（图片来自手机截屏）

小米通过智能硬件和移动端智能家居 APP 的结合，有效地提高了人们生活方式，如图 12-21 至图 12-23 所示。不管身在何处，都能实时监控家居环境、电器状态及视频图像。目前智能家居的概念上也基本包含了从白天起床－离家上班－

回家路上提前控制电器状态,晚上睡眠中调整好家中各项智能指标,并通过数据及智能化感应来配合用户日常行为。实时根据室内室外的气候环境为用户提供安全便捷、低碳环保的全新智能生活。而小米通过智能硬件的优势,让用户通过智能家居 APP 实现设备互联。统一设备连接入口,也为实现多设备互联互通,家庭组员共同管理提供空间和延展性。

图 12-21　小米路由器——功能示意图(图片来自网络)

图 12-22　小米智能家庭 2.4.0 APP——选择设备页、新建场景页(图片来自手机截屏)

图 12-23　小米智能家庭 2.4.0 APP—执行任务页、个人中心页（图片来自手机截屏）

然而，市场的成熟度也是产品所必须考虑的。

目前家居智能产品还处于初步发展阶段，酷炫的智能生活依然需要时间的依托和家电市场智能化的逐渐转型，以适应物联网时代的到来。在此基础上，能够惠及万家，让用户在获得良好体验的同时，也能享受优惠的价格和一体的控制体验。而这有赖于广大的家电开发商去平衡市场利益及技术、商业策略、市场现状等各方面的条件。

总结：事物由一个点逐渐长成一个大象，它将为我们的世界带来翻天覆地的变革。我们曾劳于役，累其行，但也许将不再是如此。互联网在万物之中的变革，为人类的身体带来了更多官能上的刺激和效率的提高。

作业：在生活中寻两到三个点，由这些点之间创造互联关系，挖掘一到三种可能性。

目的：寻找事物的可能性　提高对事物的敏锐度及融会贯通的能力

12.2.2　所有卖不掉的产品都是因为设计不够美

在大众印象中，所有看起来包装特别精致的产品就一定是贵的。这种直觉就是优秀而有质感的设计已经给用户这样的感知了。同样的产品，换一个包装思路，有一番好营销就有可能身价暴涨。

- 案例：蝴蝶兰

兰花，优雅但不好养。如果按照传统的思维，蝴蝶兰只能卖给那些具备花卉养殖常识，同时兼具闲情雅致的人。而这部分用户大多是上了年纪，且又特别有时间的人。但我们发现市场上的需求不止于此，绝大多数的职场人士都会选择在自己的办公桌上摆放上植物。

如图 12-24 和图 12-25 所示，职场人士都会购置植物点缀办公环境，调节心情，但对植物的类型并没有太多的讲究。有着漂亮花色和极强艺术气质的蝴蝶兰，有理由成为极好的点缀植物。蝴蝶兰能否卖给年轻人来养殖，能否用一种"傻瓜"式的设计让蝴蝶兰变得好养，且有一个更有设计感的容器来装它呢？

图 12-24　用户在网上发布的办公桌上的植物（图片来自网络）

第 12 章 跨界设计与融合

图 12-25　用户在网上发布的办公桌上的植物（图片来自网络）

如图 12-26 和图 12-27 所示，通过设计，我们改变了产品的包装。用硬质包装纸外盒来放整个植被和相关配套产品，外形一体式便携装置，极具格调也非常适合作为有品质感的礼品来赠送，如图 12-28 至图 12-30 所示。

将养殖所需的全部物品以合理的组合方式放置于桶内，傻瓜式的产品体验以及简洁明了的操作流程为用户增加了自动推广的口碑筹码。隔层采用了防震保温海绵，保证航空运输过程中的防震和花卉保温。蝴蝶兰花期有一年，因此每桶中部配置了十二饼肥料，每个月放入一个饼，定期浇水即可，简单易操作，如图 12-31 和图 12-32 所示。

图 12-26　蝴蝶兰的新容器正面（图片来自网络）

图 12-27　蝴蝶兰的新容器背面（图片来自网络）

图 12-28　蝴蝶兰的新包装礼盒（图片来自网络）

第 12 章 跨界设计与融合

图 12-29 蝴蝶兰的新包装礼盒分层解析（图片来自网络）

图 12-30 蝴蝶兰的新包装礼盒分层解析（图片来自网络）

图 12-31 蝴蝶兰定制的饼状化肥（图片来自网络）

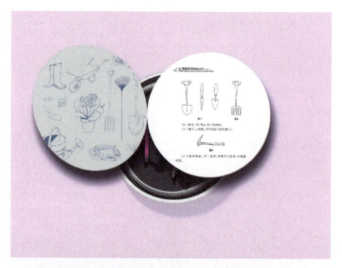

图 12-32 蝴蝶兰的操作说明书（图片来自网络）

  桶最下方的工具盒，放置有说明书，里面有简易养殖指南和花艺捆扎指南。工具盒里面放着小喷壶，小园艺剪和小铲子，如图 12-33 和图 12-34 所示。

  如果你办公桌空间够大，同时你又有闲心，你可以多买几桶。这样你就能按照说明书里教的，用园艺捆扎线进行特殊花艺造型了。经过这样一番设计的提升，一直无法在销量和用户感知上存在感低的兰花发生了蜕变。

图 12-33　蝴蝶兰的工具盒（图片来自网络）

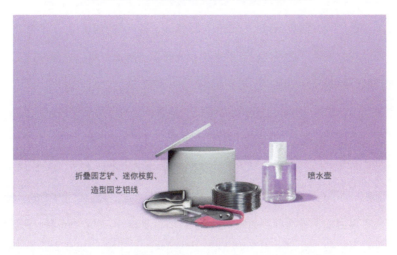

图 12-34　蝴蝶兰的园艺捆扎铝线（图片来自网络）

截至目前为止，当前产品还未出街。但按照经验预测，经过设计的提升，产品体验的优化，销量会成倍数增长，对品牌的美誉度也会成曲线增长。

- 花田小憩——专注女性家庭消费的美好物品

当前各大鲜花电商中，80% 左右的购买数据都是以礼物形式被男性所购买的，而女性天然对鲜花与美的事物向来没有抵抗力。可见，女性在鲜花领域的购买力并没有被激发出来。因此近来的鲜花项目都开始向女性用户靠拢。

花田小憩创始人曹雪以"花植"为入口，以插花艺术或者养花小知识来吸引用户，让用户对花植世界产生兴趣，并通过一些入门知识，让用户产生动手的意愿，进而最终通过电商频道，满足用户的实操需求。目前它分为线上和线下两部分。

花田小憩新版本上线，砍掉了原本社区，所有内容全部来自于PGC（专业生产内容），安排统一的摄影风格和文字撰写模式，使得现有内容更加精彩多纷。除了文字，专题频道还有视频内容。内容对于花田小憩是非常重要的一部分，是吸引用户导入电商，实现盈利模式的关键环节，同时电商中的产品又是花田小憩专题内容里的补充。

目前新版的电商部分先从与花相关的保鲜液、花剪、花瓶等周边材料工具切入，而没有从鲜花入手。曹雪说：花，大家都知道去哪里买，但是很多周边工具大家却没有途径购买，通过从单价比较低、保质期、存储物流条件都不那么高的工具切入，可以先满足用户看完内容后的想购买的需求。因此，可以先通过这类可全国发货的电商产品增强用户黏性，且不受地域、时间限制。

未来花田小憩将切入到家具软装等品类，瞄准女性用户的家庭消费为入口。曹雪认为之所以做这样的规划，是因为一开始就不是仅仅为了做电商，而是以这个行业很稀缺的优质内容切入。一旦用户接受了花田小憩的生活美学方式后，就对符合这套生活美学标准的商品有很强的消费吸引力，比较类似于"无印良品""宜家"的概念。

花田小憩目前已被推荐到APP store首页，最高日PV（访问量）已达到45万，用户数25万，月活跃度26%~28%。商城上线4天，卖出去4000包保鲜液。而其精英团队曾在2015年10月份获得娱乐工厂领投的250万种子轮融资。花田小憩APP及界面如图12-35和图12-36所示。

- 良仓ＡＰＰ——生活美学指南

作为国内第一大电商的淘宝和京东虽然很全面，但由于没了垂直化、专门化，略显杂乱。而其他小的电商平台则不足以抵挡一切，且做精品的更是空白。种种良莠不齐的现状，为特色精品导购平台创造了机会——"良仓"由此应运而生。

第 12 章　跨界设计与融合

图 12-35　花田小憩 APP（图片来自手机截屏）

图 12-36　花田小憩 APP 界面（图片来自手机截屏）

良仓，字面意思为"好货聚集地"。它是随身的生活美学指南，定位为"杂志＋社区＋商店"。拥有数百位意见领袖轮番推荐他们的心仪之物，如左小祖咒、山本耀司、韩寒、马良等达人分享区域，是粉丝们最信任的买手。它深入挖掘前沿生活方式、好物背后的故事、生活家的趣味访谈，启发更有质感的生活。

良仓杂志每日会播报全球最有趣味和有品味的人与事，而商店方面则精选售卖来自全球最精美的生活产品及礼物。主打的是品味型电商或"情感电商"。因为人对品质的情怀，只能是随着社会的发展和进步更加突出，而不会倒退。在情怀上做文章，可以说是紧随社会发展与进化的脚步。每周一个跨界单品诞生，贩卖品质，用做产品的极致追求换来百万粉丝。

打开良仓 APP，首先是良仓杂志报道，杂志报道的主题有时尚、旅游、电影、运动、饮食、品牌、工具、玩家、艺术家、家居等品味合集。用户还可对其他物品进行"点喜欢"，在自己的收藏清单中，建立个人品味博物馆，或者将其分享到微博、QQ 空间和豆瓣的社交关系网络中。

此外，良仓专题可以在计算机、移动设备等多个终端同步，在计算机上分享发布，在移动设备上发现收藏，在家里、在路上，随时良仓。良仓 APP 界面如图 12-37 和图 12-38 所示。

图 12-37　良仓 APP 界面 1（图片来自手机截屏）

图 12-38　良仓 APP 界面 2（图片来自手机截屏）

总结：美好的事物，总是特别有传播性和煽动性的。在一个颜值和实力并行的今天，我们更是需要诸如此类的产品来为我们的生活情趣和品质提高美学指南。

作业：通过改变便签的外观或者质感，提高便签的美感。

目的：通过提升产品设计质量，提升产品在市场上的综合竞争力。

12.2.3　在设计里展现私人趣味

- 主题类应用——被忽视的个性化产品的潜力

随着技术的成熟，安卓系统工具被更多地附加在第三方手机桌面上。许多第三方整合了更多手机系统管理的常用功能，或是大而全，或小而美。作为用户来说，不用打开各种管家 APP 也能方便地管理手机，还有漂亮个性的主题可以使用，体验极为提高。

手机桌面现在已经不是一款简单的手机主题软件。它能承载的内容还可以与系统管理和主题、铃声、视屏、导航、插件成为第三方桌面传递的载体，将服务传递给用户，将流量反馈给 APP。

用户一旦习惯了某款桌面，受使用习惯的影响，其黏性极强。从目前投入的第三方手机周末运维数据来看，正常手机桌面的日活数（DAU－每日活跃的用户数量）可以达到 12%~16% 以上。而轻便、简介、加上萌萌讨人爱的个性化，手机桌面在应用分发市场一直处于分发前列。高活跃，高留存，强黏性，决定着手机桌面产品极具入口潜质。

应用市场已经逐渐进入寡头时代，除了百度系、360 系、腾讯系的市场外，其他市场几乎很难吸引到用户。在目前看来，提升产品 DAU 已经比扩大新增用户重要得多。而用户主动搜索和下载的量，在市场分发占比中增高，这意味着用户下载 APP 变得更加理性。

把手机使用习惯搬到云上（云端）也是未来的一个趋势：用户的操作被"记忆"在云上，用户物理的位移不会影响实际的无线体验。云和流量入口多层次布局的结合有以下几个好处：占据分发又占据内容生产，用户对于生态的黏性和依赖度会提高。

各大巨头早早就在手机桌面市场布下棋子，就等机会成熟。占据桌面更轻更快地接触用户，和用户距离更近，而用户完成体验也是由巨头布局的应用完成的，这样可以使所有用户操作空间全闭环在自己的生态里。例如安卓系统所嵌入的主题类应用如图 12-39 和图 12-40 所示。

总结： 优秀的设计师善于发现细微之处，并将分散的东西联系起来，为它们创造链接的桥梁。他们发现了用户面临的挑战，然后引导他们使用科技为基础的解决方案。他们能进行系统性的思考，具有判断力，敏感力，能为用户带来更好的体验。

作业： 任何物体都可能具有作为信息平台呈现的方式，尝试设计一个移动式的云便签，设计两种高频率的场景，并对场景进行描述。

目的： 锻炼深入理解不同场景下的产品特性能力

第 12 章　跨界设计与融合

图 12-39　安卓系统所嵌入的主题类应用 1（图片来自手机截屏）

图 12-40　安卓系统所嵌入的主题类应用 2（图片来自手机截屏）

总结

本质——需求的无限性

无论传统行业还是互联网下任何产品的诞生，皆由人们需求产生。我们今天做的跨界融合，最终都是为了让产品更好地符合用户的需求，提高对产品的体验。而需求是无限的，用户先有的需求，我们可以称之为"用户主导"。而产品先设计出来再让用户有需求，我们将其称之为"产品主导"，是由产品引导用户的需求。当产品由被动转为主动时，市场需求就是无限了。

为什么用户有潜在的需求等待开发呢？这就是欲望的无限性。

套用马斯洛需求层次理论（马斯洛需求层次理论是行为科学的理论之一，由美国心理学家亚伯拉罕·马斯洛在1943年在《人类激励理论》论文中所提出，如图12-41所示）宏伟的金字塔需要建立在扎实的底端上。回归到人类的需求，越靠近底层，需求才越显得刚需，而顶层则服务于挑战新鲜感和刷新人们对生活体验感的认知。

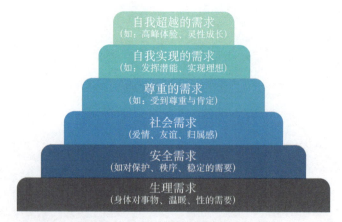

图 12-41 马斯洛需求层次

这些需求中，生理需求作为底层需求是需要考虑生存问题的需求，但一般来说是有限的。其他需求属于社会欲望，具有无限性。需求的无限性就在于人永远没有满足的时候，一种需求得到满足，又会产生新的需求。这个需求满足于产生的过程永无止境，即人们常说的"人心不足蛇吞象"。

传统观念认为，需求（即欲望）的无限性是"罪恶之源"。实际上，人欲望的无限性正是社会进步的动力。现代社会要使人们过得更好，要使人们的更多欲望得到满足，就有了无限需求和无限的市场。

例如，今年所被人青睐的主播视频直播，即为顶层需求。在关于自我实现的问题上，越往上的需求关注点也更多密集。即：越靠近顶层需求，则新鲜感驱动越明显，爆发点越大，传播越快。产品可以在非常短的时间内获得巨大的用户基数，但这很难形成强有力的黏性，用户的留存，用户红利难以无法保证。诸多网红昙花一现，而此类应用也比比皆是。

基于新鲜感的需求形成的产品，如何将引来的用户进行变现，才是决定一个产品留存的根本问题。而后能在内容与用户，用户与用户之间产生了解、信任、价值、认同感，并有深度挖掘商业变现价值的空间，才是我们需要的。

所以，在整体社会环境已变得更为复杂且快速的情况下，我们要明白，真正不变的依然是对好的优质内容的追逐，而变的只是形式本身。但提供优质的设计同样充满不确定和变数，以往所有成功的经验可能都需要重新审视和修正。在这个旧规律被打破，新规则尚在建立的时代，用老经验应对新环境肯定是越来越不靠谱，而我们需要更多接地气，接近用户真实需求的设计。

参考书目

1.《必然》，【美】凯文·凯利 著，周锋 / 董理 / 金阳 译，电子工业出版社，2016 年 1 月第 1 版。

2.《Google 工作整理术》，【美】道格拉斯·梅里尔 / 詹姆斯·马丁 著，刘纯毅 译，电中信出版社，2015 年 11 月第 2 版。

3.《为真实的世界设计》，【美】维克多·帕帕奈克 著，周博 译，中信出版社，2013 年 1 月第 1 版。

4.《增长黑客》，范冰 著，电子工业出版社，2015 年 7 月第 1 版。

5.《在你身边为你设计 II》，腾讯公司用户研究与设计体验部门 编著，电子工业出版社，2016 年 1 月第 1 版 。

6.《腾讯网 UED 体验设计之旅》，任婕 等编著，电子工业出版社，2015 年 4 月第 1 版 。

7.《场景革命》，吴声 著，机械工业出版社，2015 年 7 月第 1 版 。

8.《即时引爆 社交红利 2.0》，徐志斌 著，中信出版社，2015 年 8 月第 1 版 。

9.《视觉传达设计原理》，曹方 主编，江苏美术出版社，2005 年 2 月第 1 版 。

10.《认知与设计》，【美】Jeff · Johnson 著，张一宁 / 王军锋 译，人民邮电出版社，2014 年 8 月第 2 版 。

11.《通用设计方法》，【美】贝拉 · 马丁 / 布鲁斯 · 汉宁顿 著，初晓华 译，中央编译出版社，2013 年 9 月第 1 版 。

12.《通用设计法则》，【美】威廉 · 立德威尔 / 克里蒂娜 · 霍顿 / 吉尔 · 巴特勒 著，朱占星 / 薛江 译，中央编译出版社，2013 年 9 月第 1 版 。

网络文献

1. 村长，《产品设计背后的马斯洛需求层次》，人人都是产品经理，http://www.woshipm.com/pd/132038.html（发表日期：2015 年 1 月 20 日）

2. 叶斌，《怎样成为一个给力的游戏 UI 设计师》，知乎，http://www.zhihu.com/question/20713528 ，（发表日期：2015 年 3 月 15 日）

3. Zhanhanming,《奢侈品大牌跨界开餐馆 争夺 O2O 入口》http://www.askci.com/news/2015/08/24/11044srg0.shtml,（发表日期：2015 年 8 月 24 日）

4. 百度新闻与网易科技合作稿，翻译：乐邦件,http://www.wired.com/2013/07/what-are-the-most-sustainable-materials-nikes-new-app-shows-you/

5. 国际金融报，http://www.topbiz360.com/web/html/topices/shechipin/zixunbaodao/147382_2.html（发表时间：2014年3月24日）

6. 新浪网，http://gd.sina.com.cn/hz/social/2015-06-19/165416804.html（发布时间：2015年6月19日）

7. 腾讯ISUX，鱼小干，http://isux.tencent.com/creative-brand-app-design.html

8. 百度百家，花边科技，http://sunhailiang.baijia.baidu.com/article/34270（2014年10月30日）

9. 每日经济新闻，朱万平，http://www.nbd.com.cn/articles/2016-01-03/975093.html（发布时间2016年1月30日）

10. 果壳小组，花落成蚀，http://www.guokr.com/post/429722/（2013年01月10日）

11. 金子，http://www.cyzone.cn/a/20151025/282349.html（2015年10月15日）

12. 网易科技，http://tech.163.com/15/1013/08/B5PVNR5U000915BF.html(2015年10月1 3日）

13. 一颗能量丸，http://www.zhihu.com/question/38981854/answer/79143616(2016年1月11日）

14. 墨雅兮 http://www.toutiao.com/i6285123354231833090/（２０１６年５月１６日）

推荐书单

1. 范冰．增长黑客．北京：电子工业出版社，2015年7月．

2. 梁小民．写给企业家的经济学．北京：中信出版社，2016年4．

3.【美】德伯拉·L·斯帕 著，倪正东 译．技术简史——从海盗船到黑色直升机.北京：中信出版社，2016年4月.

4.【美】爱德华·多尼克 著，黄佩玲 译.机械宇宙.北京：社会科学文献出版社，2015年9月.

5.【英】E·H·贡布里希 著，杨思梁 徐一维 范景中 译.秩序感——装饰艺术的心理学研究.南宁：广西美术出版社，2015年3月.

6.【美】唐纳德·A·诺曼 著，小柯 译.设计心理学4——设计未来.北京：中信出版集团，2015年10月.

7.【美】德内拉·梅多斯 著，邱昭良 译.系统之美——决策者的系统思考.杭州：浙江人民出版社，2012年8月.

8.【美】戴维·迈尔斯 著，侯玉波 乐国安 张志勇 译.社会心理学.11版.北京：人民邮电出版社，2014年10月.

9.【美】迈克尔·所罗门 卢泰宏 杨晓燕 著，杨晓燕 郝佳 胡晓红 张红明 译.消费者行为学.第10版.北京：中国人民大学出版社，2015年8月.

10.【美】芭芭拉·明托 著，汪洱 高愉 译.金字塔原理——思考/表达和解决问题的逻辑.海口：南海出版社，2013年11月.致谢

致　　谢

《一个 APP 的诞生》这本以设计师角度切入去讲一个互联网产品是如何诞生的，这本书终于"诞生"了。

感谢我和我的小伙伴，刘焯琛、郭宇虹、贺雪琴、林连汀、林远宏、张蓉桃、廖衍清、尹金、周航（排名不分先后）。

感谢大家抽出工作以外的时间与我一起奋斗在这本书的质量提升上，也感谢大家提供了这么多的资源信息让我们的书更快地与读者见面。另外也感谢互联网这个大环境，可以帮助我们更快地找到我们想要的信息。虽然这些信息有真有假，需要我们自己去做判断，但是不可否认，有了互联网，确实加快了我们知识的获得。

另外需要感谢的是一些案例的提供者，首先是营销达人"乱雨"提供的兰花案例，然后是优酷深圳产品研发负责人刘显铭先生，他提供了多年的经验和指引图。感谢创想者学院，这本书的内容其实是我在创想者学院里面上课的内容，现在将它整理成册，希望能帮助到更多的人。

还有行业里面的各位前辈，各位大佬的提携和帮助。特别感谢薛蛮子先生，他认可了这本书对广大创业者的意义，让我对书的内容更加有信心。我的老师龙兆曙先生，何人可先生，都是整个行业里面响当当的人物，也愿意帮我备书，我感到特别的荣幸。Steve、徐志斌……太多大佬了，谢谢大家。我们只有更加努力，提供更好的内容和服务，才能担得起大家的信任。

互联网迭代太快，赶上这样的节奏，我们的内容也会不停地迭代下去，直到新的基于终端的产品形态出现。

不免俗套地感谢我的家人对我无声的支持和奉献。我爱你们！

以上

谢谢大家！

2016年6月16日星期四

名人力荐

无论你从事什么行业，如果想自己开始做一个 APP，这本书将是你的良师益友。

——毛华（腾讯 QQ 物联，腾讯视频云总经理）

《一个 APP 的诞生》详细地描述了移动互联网产品中的"生"，适合学生创业以及刚毕业的从事互联网行业的新人。值得阅读学习！

——刘显铭（优酷深圳产品研发负责人）

APP 是移动互联网服务的主要载体，本书从需求分析、功能设计、UI、UE 等层面深入浅出地讲解产品的诞生过程，值得一读。

——陈学桂（联想集团移动互联业务总经理）

无论想法如何出色能落实到实处的才是好产品，这本书很适合做一个方向性的指导。

——冯昕（国信泰九 VP）

好设计，源自于对用户需求的思考，更依赖成熟的方法论和优秀的团队协作。这本书不但详述了方法论，项目思考，流程和设计方面专业的知识，是互联网从业者的阅读借鉴。

——郭列（脸萌创始人）

新时代需要跨界融合的思维，不仅仅设计专业学生应该看看这本书，其他专业的也应该看看。

——田懿（安卓壁纸 CEO）

一个 APP 的成功可能有各种各样的因素，但任何 APP 走向成功的过程都需要遵守一些客观的规律。例如周密的市场分析，认真的洞察用户，分析竞品，细致而高效的运营等等。《一个 APP 的诞生》如同一本实用手册，让企业了解规律，少走弯路。

——仇俊（茄子快传联合创始人）

想学习如何从 0 开始打造一个 APP，本书正是最好的选择　　——慈思远

联想创新总监、百度搜索高级顾问、集创堂堂主、复旦大学客座教授

讲实话的人才会让别人喜欢，《一个 APP 的诞生》就是这样一本实话实说的产品养成记，从无到有诠释了 APP 的开发点滴，适合所有创业的兄弟姐妹常备案头，不只是产品必备，技术、设计等岗位也需要人手一本经典读物。

——王威（原腾讯 QQ 旅游总裁，思源集团旅游事业部总经理）

腾讯系创业者的"神"是延续腾讯"用户体验至上"的精神，"奇"是博采众长，修炼独门秘籍。这里可以读到他们的"神奇"。

——侯峰（单飞企鹅俱乐部创始人）

这是一本读起来不枯燥的教科书。　　——薛蛮子（著名天使投资人）

如果对极速发展的互联网行业有着浓厚的兴趣，通过这本书可以快速了解你到底适合其中的哪个角色。

——龙兆曙（教育大咖）

互联网是大众的舞台，如果你有一个好的想法，这本书将告诉你如何将想法落地成一个完善可投入市场的产品。

——焦一（多聚互联 CEO 原 YY 语音副总经理）

名人力荐

对于无线互联网从业者来说，这本书非常实战，教你如何一步步把 APP 落地。

——程浩（迅雷 & 松禾远望资本创始人）

一个 APP 就是一个生命体，有它的生命周期和成长的规律。代码赋予它血与肉，良好的规划、设计和运营法则能让它茁壮成长。这本书全面地阐述了一个 APP 从前期构思，到设计、到运营的整个思路和方法，是一本适用于整个移动互联网从业人员的好书。我特别建议 APP 的开发者也应该好好读一读，暂时跳开我们熟悉的代码，从 APP 产品自有规律的角度去审视和学习相关的经验和方法论，相信会有不一样的领悟和体验。IT 从业人员中女生本来就不多，既专业又有思想的美女确实是稀缺资源，我承认我是因为本书的作者才来做推荐的，但我以上说的都是实话。

——王永和（开源中国 COO）

如果你只是在网站上，微信公众号上了解到 APP 的相关碎片知识，我认为有必要去系统地知道一应用的出产到诞生，过度专注某个领域的细分，在当前时段不太适合个人发展的，特别是针对学生和刚步入社会的新人，在庞大的知识系统中，时刻顺应时代变化是非常重要的。、

——大白（兔展联合创始人）

传统行业面临互联网转型压力，在积极寻找出路的同时，这本书将窥探 APP 手机应用的标准研发流程和玩法，感受用户体验至上和服务设计的理念。

——孟令航（铂涛集团副总裁）

一本理论和实践结合的工具书，通俗直白的语言，结合当下热点案例，深入浅出的勾勒一个 APP 诞生的流程图。产品经理，项目经理和传统行业转型互联网从业者应该人手一本。

——周瑞金（嗒嗒巴士创始人）

文章读之快也，快速学习，快速认知，快速获得了关于一个 APP 从 0 到 1 的过程，多个维度地分析和论证及旁引博征，虽为教科书，实则可以作为任何可能准备进入互联网行业学习的新手所快速掌握，并得到系统性的知识架构。

——单增辉（南友圈创始人，资深媒体人，著名摄影师）

好的产品源于对用户的深刻理解和对市场及局势的洞察。此外更依赖于一个高效配合的团队及管理系统。书的内容虽然是面向广大学子的，但是干货内容极多，是目前市场上不可多得的一本新手入门学习手册。可以帮助相关互联网设计从业者阅读借鉴。特别是我这种小白鼠。

——朱文焘（随时喷创始人，聚会保时捷维修中心创始人）

"大众创业，万众创新"的时代，对互联网设计人才及其相关跨界设计人处于高需求状态。在一个飞腾的时代，年轻血液的注入，加快了整个时代的蓬勃发展。你，只要有心，有一个好的学习平台和理论工具，就可以比别人少走一点弯路。此书一出，减少了很多初生学子的迷惑，是不可多得的一本好教程。

——张剑（纳什创客空间创始人）

本书从设计师的角度出发，总结了移动应用设计每个阶段的方法与经验，配合大量案例，适合初入行的设计师，产品经理和创业者。

——李磊（WiFi 万能钥匙联合创始人，WiFi 万能钥匙中国区总裁）

基础类书籍必备。

——麦涛（暴龙资本创始人）

建议产品新人人手一本，了解各个岗位的工作，帮助沟通，提升效率。

——杨旭（21cake 业务高级分析经理）

《一个 APP 的诞生》有一个整体的理论体系，有经典的案例，以及系统的 APP 知识。值得力荐。

——潘国华（南极圈创始人）

非常荣幸提前获得《一个 APP 的诞生》一书的阅读机会。这本书的内容让目前信息相对滞后的教育行业添加了一股清泉，对即将毕业面临就业的学生提高就业机会和对工作流程的了解有实际性的帮助。

——何人可（湖南大学设计艺术学院院长，"中国设计日"的三大倡议者之一，《工业设计史》作者）

这是一本有内涵有逼格的书，书内大量案例与方法轮的概述，非常适合零基础的人士作为学习教材。

——西蒙·朱（联合国经济发展委员会副主任）

无论是行业变化、团队运作、专业意识、设计方法还是具体真实的案例，书中都有介绍，很不错。

——周北川（原微软项目总监，中科云创 CEO）

从产品全局去把握设计，设计师将会获得新的突破。这本书将给你呈现一个 APP 诞生的全貌。

——马力（最美应用 CEO）

一个 APP 的诞生，一个时代的精彩。

——黄梦（点点客创始人）

这是一本特别适合想学习一个 APP 从无到有过程的宝典，书中也很清晰地介绍了产品每个阶段所要掌握的技能。

——徐志斌（畅销书《社交红利》《即时引爆》作者、微播易 VP）

一个好的 APP，是一个能很好解决用户的实际痛点的解决方案，那如何找准用户的痛点以及对应的创新解决方案，本书将告诉你答案。

——雕爷（雕爷会创始人）

云技术服务等各类 SAAS 服务设施已经大大降低了互联网创业的成本。借助本书的产品设计方法，相信能够让大家理清移动互联网创业的路径、丰富移动互联网的应用场景！

——蒲炜（高升科技 CEO）

随手翻一翻都有一种：果然设计师就是不一样啊。

——郭奎章（时尚集团创始人）